喬友乾 著

速讀管理

18 條核心定律，鍛鍊超強領導力

鯰魚效應 × 250 定律 × 懶螞蟻效應 × 墨菲定律

搞懂員工心理，不當盲目主管，零基礎也可以超速入門

深入解析效應運用，助力企業高效管理
提供實用決策技巧，提升主管核心能力
強調團隊合作智慧，創造組織長期成功

走出管理迷思、培養總體競爭力的實戰建議；
引導團隊在眾多對手中脫穎而出，創造持續成長！

目 錄

序言 005

第一章　鯰魚效應：必要的競爭對手　007

第二章　藍斯登定律：達成目標的心性　019

第三章　250 定律：顧客源源不絕的行銷哲學　035

第四章　羊群效應：擴大管理的格局　053

第五章　籃球架原則：拒絕不切實際的目標　067

第六章　鰷魚效應：主管的領導力　083

第七章　保齡球效應：多多肯定下屬　099

第八章　卡貝定律：為了更長久的發展　115

第九章　懶螞蟻效應：勤勞比不過靈活大腦　131

第十章　不值得定律：判斷價值性的目光　149

目錄

第十一章　盪鞦韆原理：持續進步的力量　167

第十二章　墨菲定律：與錯誤共生的法則　185

第十三章　80/20 法則：效率的關鍵少數　205

第十四章　叢林法則：競爭中的生存智慧　223

第十五章　酒與汙水定律：抓出害群之馬　241

第十六章　馬太效應：贏者通吃的法則　257

第十七章　木桶定律：團隊中的關鍵影響力　275

第十八章　帕金森定律：權力與效率　293

序言

　　管理是什麼？

　　如果這樣提問，很多人自然而然就會聯想到公司管理、行政管理，而且針對我們個人來講，日常生活中的各方面也都會面臨管理的問題。

　　可以肯定地說，管理早已滲透到人類生活的每一個細枝末節中。經濟飛速發展的今天，管理的精與拙，已經直接影響到個人與公司前進的速度。

　　道理很簡單，精於管理的人工作和生活條理分明，富有效率，輕鬆自在；拙於管理的人則永遠生活在驚慌、煩躁、疲憊不堪的氛圍之中。

　　美國學者約瑟夫・福特說得好：「上帝和整個宇宙擲骰子，但這些骰子是被動了手腳的，我們的主要目的，是去了解它是怎樣被動手腳，以及如何使用這些手法，達到自己的目的。」

　　現實情況是，大部分管理者需要的是簡單的管理，需要的是有效、實用的管理知識，需要的是富有智慧而又淺顯易懂的管理思想。

　　本書正是滿足了不同層次管理者的實際需求，內容涉及

序言

到個人成長和公司發展的各個方面，適合在繁忙的工作中選擇性閱讀。現代管理大師彼得‧杜拉克說：「有時，管理非常簡單。」本書也印證了這一道理。

本書恰如人類的一面鏡子，透過它，你可以了解人類本身的諸多陋習與優勢。

當然，本書無法讓你在一夜之間成為管理專家，快速塑造你的完美品行。你也需要反覆閱讀本書，仔細諦聽大師們的諄諄教導，反覆回味，並在日常生活中不斷實踐書中所提出的諸多技巧及原則，才能夠更快成為管理專家和優秀的團隊領導者。

祝福你們！

第一章
鯰魚效應：必要的競爭對手

一種動物如果沒有對手，就會變得死氣沉沉；同樣，一個人如果沒有對手，那他就會甘於平庸，養成惰性，最終庸碌無為。

第一章　鯰魚效應：必要的競爭對手

船長的祕密

挪威人喜歡吃沙丁魚，尤其愛買新鮮的活沙丁魚，而鮮魚的賣價比死魚高好幾倍，故漁民們在海上捕得沙丁魚後，都想讓其活著抵港，但只有一條漁船能夠成功帶活魚回港。該船的船長一直嚴守成功的祕密，直到他死後，人們打開他的魚槽，才發現只不過是多了一條鯰魚。

原來，當鯰魚裝入魚槽後，由於環境陌生，就會四處游動，而沙丁魚發現這一異己分子後，也會緊張，只好跟著鯰魚一起遊動，這樣就避免沙丁魚因窒息而死亡。

這就是所謂的「鯰魚效應」的由來，「鯰魚效應」的道理非常簡單，無非就是人們透過引進外界的競爭者，喚起內部的活力。

引進好動的「鯰魚」

運用這一效應，透過個體的「中途介入」，對群體發揮競爭作用，它符合人才管理的運行機制。目前，一些機關單位實行的公開招考就是很好的典型，這種方法能夠使人產生危機感，從而更認真工作。

「鯰魚效應」在組織人力資源管理上，能充分發揮兩大作用：

- 一為帶動作用。因為那些「鯰魚」有著較高的個人素養、較強的業務能力與較強的個人感召力，周圍的人群總是在關注他們，不管他們手中有沒有權力，他們的積極性、主動性都會透過言行去影響和感化周圍的人群，使周圍的人群在不知不覺仿效。
- 二為刺激作用。「鯰魚」的活動能力會打破現有的平衡，會為周圍人們帶來壓力，刺激周圍人群的自尊心，在「你能我也能」的強烈意識支配下，引導得當，出現「比、學、趕、超」的良好局面。

因此，部門每年都要重新調整一些職位的人選，特別是對長期固定做同樣工作的員工，要適時地在「沙丁魚」群裡，放進一些「鯰魚」。

弼馬溫，避馬瘟

中國古典名著《西遊記》是中外讀者再熟悉不過的了，其中的活潑好動、除惡揚善的孫悟空形象，相信也是大家最喜歡不過的了。

為什麼小說中的玉皇大帝要將「齊天大聖」封為「弼馬溫」一爵呢？「弼馬溫」究竟是怎麼樣的一個概念呢？

早在兩千多年前，中國一些養馬的人就在馬廄中養猴，以避馬瘟。

據有關專家分析，因為猴子天性好動，這樣可以使一些神經質的馬得到一定的訓練，使馬從易驚易怒的狀態中解脫出來，對於突然出現的人或物、以及聲響等不再驚恐失措。馬是可以站著消化和睡覺的，只有在疲憊和體力不支或生病時才臥倒休息。

在馬廄中養猴，可以使馬經常站立而不臥倒，這樣可以提高馬對吸血蟲病的抵抗能力。在馬廄中養猴，以「辟惡，消百病」，養在馬廄中的猴子就是「弼馬溫」，「弼馬溫」所起的作用就是「鯰魚效應」。

想來想去，玉皇大帝還真是個了不起的長官，他居然是最會懂得養馬和用「猴」之道的。當然他可能還未曾想到，「此猴」非「彼猴」，這個猴子太不一般，豈是一個「弼馬溫」一職能夠容納得了的。

話說回來，在你所管理的團隊之中，也應多招納一些「弼馬溫」式的人物，以增強員工的活力，避免疲沓和懈怠，進而增進整個組織的活力。

與狼共舞，彰顯英雄風範

與狼共舞，方顯英雄本色。

其實這句話本身所包含的是這樣一個道理：

人，天生是懶惰的，而只有外部條件「狼的出現，」才會激發人的無限潛能，也才有「英雄本色可顯」。

人們之所以天生懶惰或者變得越來越懶惰，一方面是所處環境給他們帶來安逸的感覺，另一方面，人的懶惰也有著一種自我強化機制，由於每個人都追求安逸舒適的生活，貪圖享受在所難免。

此時，如果引入外來競爭者，打破安逸的生活，人們立刻就會警覺起來，懶惰的天性也會隨著環境的改變而受到節制。

加拿大有一位享有盛名的長跑教練，由於在很短的時間內培養出好幾名長跑冠軍，所以很多人都向他探詢訓練祕密。誰也沒有想到，他成功的祕密僅在於一個神奇的陪練，而這個陪練不是一個人，是幾隻凶猛的狼。

因為這位教練幫隊員訓練的是長跑，所以他一直要求隊員們從家裡出發時一定不要使用任何交通工具，必須自己一路跑來，作為每天訓練的第一堂課。有一個隊員每天都是最後一個到，而他的家並不是最遠的。教練甚至想告訴他改行去做別的，不要在這裡浪費時間了。

但是突然有一天，這個隊員竟然比其他人早到了 20 分鐘，教練知道他離家的時間，算了一下，他驚奇地發現，這個隊員今天的速度幾乎可以打破世界紀錄。他見到這個隊員的時候，這個隊員正氣喘吁吁地向他的隊友描述著今天的遭遇。

原來，在離家不久經過一段五公里的野地，他遇到了一

第一章　鯰魚效應：必要的競爭對手

隻野狼，他有了一個可怕的敵人，這個敵人使他把自己所有的潛能都發揮了出來。

從此，這個教練聘請了一個馴獸師，並找來幾隻狼，每當訓練的時候，便放狼追人。沒過多久時間，隊員的成績都有了大幅度的提高。

柏拉圖曾指出：「人類具有天生的智慧，人類可以掌握的知識是無限的。」

人類大約有 90% ～ 95% 的潛能都沒有得到很好的利用和開發，我們每個人都有巨大的潛能等待發掘。

那麼，我們又該如何釋放自己的潛能呢？

要釋放人的潛能，就需要進行潛能激發，讓人進入能量啟動狀態。如果一個組織中所有成員的能量都處於啟動狀態，那麼它可以帶來核融合效應。

潛能激發的前提是相信所有人都具有巨大的潛能，而且這些潛能還沒有被釋放出來。雖然人們可以透過自我激勵來開發潛能，但更可靠、更適用的方法是透過外面的刺激帶來能量的釋放。因為自我激勵需要堅強的意志力，而外在的激發則是人的一種本能反應，而且它的激發本身帶有一種競技遊戲的效果。

「鯰魚效應」是最經典的潛能激發案例，所以一個組織中需要帶有幾條「鯰魚」，「鯰魚」本身未必有多大的能量，但他可以給整個組織帶來能量釋放的連鎖反映。

鯰魚效應的限制

「鯰魚效應」不是真理,它發生作用是有條件的,是要經過科學評估與運作的,如果不能將「鯰魚效應」放在整個人力資源開發之中全盤考慮,不僅不能實現良好的人才效益,反而會適得其反,產生很大的副作用。

管理者不能在團隊整體狀態還很好時引進「鯰魚」。這個時候引進「鯰魚」,將會打擊團隊成員的積極性,同時會導致員工對公司認同感的降低,他們會認為公司對他們失去了信任或存心想「整」他們。這時候員工的反映將會是:把對工作的積極性轉化為破壞性行為,故意和公司唱反調;核心員工失去對前景的希望,離職;消極怠工,變成「休克魚」,在工作中表現出「讓能幹的人(鯰魚)去幹吧」的心態。

對此,公司可採取以下方法應付:

- 緩行「鯰魚」提出的各項措施,特別針對人的措施;
- 迅速找核心員工談話,告知引進「鯰魚」的真正目的和意義,穩定情緒;
- 提高核心員工的待遇,表示雖然引進了「鯰魚」,但公司還是非常重視他們的。

「鯰魚」數量的控制

「鯰魚」數量過多，刺激過度，將會引起全體員工的恐慌，各種流言出現，小道消息、猜疑增加，加重員工心理負擔。並且員工在工作同時還在提防「鯰魚」，戒心增加，顯然不利於整體工作的開展，對企業良好的文化將會造成破壞。

如出現這種情況，公司應做到統一政策的出口，「鯰魚」的良好措施也要有公司固有的途徑向員工傳達，而不是透過小道散布。還應安排員工適當休假，緩解壓力，減輕心理負擔以及號召「鯰魚」和「休克魚」進行團隊活動，增進工作之外的感情，減輕牴觸情緒。

不難看出，「鯰魚效應」發揮激勵作用的前提是出現了員工普遍不思進取的現象。例如你所在的部門員工已經形成龍騰虎躍、銳意進取的「鯰魚效應」氣氛，可是你依然我行我素地堅持引進超量「鯰魚」，便可能造成「能人扎堆」，引發內訌和矛盾，以致效率低下。

拿破崙曾經說過這樣一句話：「獅子率領的兔子軍遠比兔子率領的獅子軍作戰能力強。」

這句話一方面說明了主帥的重要性，另一方面還說明這樣一個道理，智慧和能力相同或相近的人不能弄一堆聚在一起。

一個部門的管理人員，最好不要都配備精明強幹的人。

道理很簡單，假如把 10 個自認一流的優秀人才集中在一起做事，每個人都有其堅定的主張，那麼 10 個人就會有 10 種主張，根本無法決斷，計畫也無法落實。但如果 10 個人中只有一兩個才智出眾，其餘的人較為平凡，這些人就會心悅誠服地服從那一兩位有才智者的領導，工作反而可以順利開展。

這裡有這樣一個案例：

三個能力很強的企業家合資創建了一家新創技術企業，並且分別出任董事長、總經理和常務副總經理。一般人認為這家公司的業務一定會欣欣向榮，然而結果卻令人大失所望，企業非但沒有贏利，反而連年虧損。

其原因是不能協調，三個人都善決斷，誰都想說了算，又都說了不算，結果管理層內耗造成企業嚴重虧損。

發現這一問題後，董事會召開了緊急會議，研究對策，最後決定敦請這家公司的總經理退股，該到其他公司投資，同時免掉他總經理的職務。

有人猜測這家虧損的公司再經歷撤資打擊後，必然會垮掉，沒想到在留下的董事長和常務副總經理的通力合作下，竟然發揮了公司最大的生產力，在短期內使生產和銷售總額達到原來的兩倍！而那位改投資其他企業的總經理，擔任那家企業的董事長後，充分發揮自己的能力，表現出卓越的經營才能，也創造了不俗的業績。

這的確是一個值得深思的案例。

第一章　鯰魚效應：必要的競爭對手

三個都是一流的經營人才，可是搭配在一起卻慘遭失敗，而把其中一個人調離，分成兩部分，反而得以成功。問題的關鍵就在人力資源的配置上。

總之，配置恰當，一加一會大於二，可能等於三，可能等於五。如果配置不當，人員失和，一加一可能等於零，也可能是個負數。

如何防止「鯰魚」還未來，「沙丁魚」已逃跑

公司在運用「鯰魚效應」，決定是否引進「鯰魚」時，一定要看有沒有實際需求，是否可以將本公司內的一些有作為的「沙丁魚」提升為「鯰魚」。如果盲目引進，就可能使一些有抱負的「沙丁魚」由於看不到希望而另謀高就。

許多公司都有這樣的情況：一方面大量引進人才，另一方面卻是人才大量流失。問題出在哪裡？

人才引進的盲目性是首要原因。用人單位需要確立正確的人才觀念，不一定要引進高學歷人才，那樣會造成人才的高消費，而應該按需而取，尋找對自己最適用的人才。

如何防止「沙丁魚」開溜，充分地挖掘員工的潛力？公司可以嘗試以下一些操作方式：

- 認可員工的業務佳績，並給予相應的獎賞；
- 針對員工個性的成熟度和他的事業發展計畫，給個人提供發展和晉升的機會；
- 將企業規劃與個人事業發展計畫結合起來，使組織和個人的目標及利益相匹配。

比如可以透過再教育和一些特殊專案來提高員工的個人能力，將員工的績效與組織的績效掛鉤，增強員工的歸屬感和自豪感。

勿誤將「鯰魚」當成「沙丁魚」

「鯰魚效應」能否科學地發揮作用，至關重要的一點是科學地評價「鯰魚」與「沙丁魚」。如果將本公司的「鯰魚」錯劃成「沙丁魚」，就可能導致優秀員工的流失，如果此「鯰魚」流失到競爭對手的公司，由於深知本公司的「底細」就會造成公司的被動。

有一位外商公司的宣傳企劃主任，三年以來，他憑著自己的才幹多次為公司創下佳績。後來，該公司企劃部經理職位空缺，員工們都以為這位主任是最佳人選，然而後來老闆卻做出了「讓獵頭公司為自己尋找『更為合適的高級企劃人才』的決定」。

第一章　鯰魚效應：必要的競爭對手

於是，這位能幹的主任只好辭去公司的工作，並受聘到一家本土企業，從此名聲大振。這個外商公司的老闆聽說後，不禁扼腕長嘆，悔恨不已。

目前許多公司在內部出現職位空缺時，往往第一時間會想到找獵頭公司，認為「外來的和尚會念經」。

其實，當一個公司出現職位空缺時，應優先考慮公司內部的員工。公司應為每個員工建立一個發展計畫，在適當的時機提供發展空間和機會給優秀員工；讓員工知道公司關心他們個人的成長和發展，再者可以節省公司的人力資源成本，避免出現高價收購人才的現象。

所以，利用「鯰魚效應」時，要掌握好「分寸」。否則，就會適得其反。

第二章
藍斯登定律：達成目標的心性

在你往上爬的時候，一定要保持樣子的整潔，否則你下來時可能會滑倒。

也就是說，一個人要做到，進退有度，才不致進退維谷；寵辱皆忘，方可以寵辱不驚。

第二章　藍斯登定律：達成目標的心性

退一步，海闊天空

　　人們一向認為蒙辱不爭、不鬥，就是弱夫、軟蛋、膽小鬼、窩囊廢，讓人瞧不起，所以，普通人對侮辱的承受能力是很小的，很多人在受到侮辱時的過激反應，不是反唇相譏，就是以命相拼，打個你死我活，只要掙回了面子，後果如何，很少有人去想。

　　某人在廣告公司謀事，由於年輕易衝動，便輕而易舉地得罪了經理。於是，在往後的日子裡，每次開會他都自然而然成為會議的焦點──挨轟。被轟得面目全非的他，真想一走了之。但是他轉念一想，如果真的走了，一些罪名不光洗不清，而且會被蒙上厚厚的汙垢；再者，這是一家很有名氣的廣告公司，自己完全可以從中源源不斷地得以「充電」。於是他堅持留下來，整理好亂七八糟的心情，埋頭苦幹，以兢兢業業的工作為自己療傷，以實實在在的業績回擊謊言。一筆又一筆的業務，增添了他的信心，也讓他積攢下了許多經驗財富。坦率地講，最重要的是，從中總結出「給車胎放氣」的處世哲學，使他終生受益。

　　這世界本來就那麼大，每個人只擁有一小片天，但是世界有時又很大，每個人都可能擁有整個宇宙。其原因全在人看世界時的情緒怎樣。

　　美國管理學家藍斯登說得好：「在你往上爬的時候，一定要保持樣子的整潔，否則你下來時可能會滑倒。也就是說，

一個人要做到，進退有度，才不致進退維是；寵辱皆忘，方可以寵辱不驚。」

這就是管理定律中著名的「藍斯登原則」。

漫漫人生路，有時退一步是為了踏越千重山，或是為了破萬里浪；有時低一低頭，更是為了昂揚成擎天一柱，也是為了響成驚天支地的風雷；如此的低一低頭，即便今日成淵谷，即便今秋化作飄搖落葉，明天也足以抵達聖母峰的高度，明春依然會笑意盎然，傲視群雄。

「愚公移山」與「愚公搬家」

毋庸質疑，任何人遇上災難和不幸，情緒都會受到影響，這時一定要控制好情緒。面對無法改變的不幸或無能為力的事，最好的辦法是用繁忙的工作去轉換，如果這時有新的思想、新的意識突發出來，那就是最佳的轉換。

「愚公移山」的古寓言給了我們不少的啟示，讓我們找到了一種精神力量：堅持、堅持、再堅持，勝利終歸是我們的！

正因為它的這種激勵作用，愚公移山成了千古美談。愚公移山這種精神對我們進行現代化建設確實是一種動力，是激勵我們奮鬥，前赴後繼，奪取勝利的精神催化劑。

但從另外一個角度，我們是否可以這樣看呢？那就是與

其「移山」，不如「搬家」。王屋、太行二山何其之大，要移開它，需要一代又一代子子孫孫無窮盡的努力。假如「搬家」的話，在「愚公」一代就可以完成，而且還可以做很多別的事情。

從「愚公移山」引申開來，我們在日常生活中，在自己的事業中，在企業奮鬥的過程中，除了要吸取愚公的韌性之外，我們更應該聰明一些，盡可能避開難走的或行不通的道路，找一條切實可行的路走。鑽牛角尖如「愚公」者，他在事業上絕不會成功，在生活上絕不會快樂。

對我們每個人來說，無論在任何社會階層，只要有人的地方就有類似的困難：意見分歧、矛盾衝突以及折中妥協。

同樣，金錢、生老病死、天災人禍，也幾乎是所有人都要面臨的問題。但是，有些人儘管事情發生了，還是能有條不紊地處理，不會頹喪不快；有些人卻受不了，變得毫無生機，或是精神崩潰。能夠體會到人類可能發生的各種情況，並且不用「有沒有問題」來衡量快樂與否，這樣的人是最明智的人，也是最難得的人。

這裡，我們還是要重複強調一下文章開篇的話語：任何人遇上災難，情緒都會受到影響，這時一定要控制好情緒。面對無法改變的不幸或無能為力的事，就抬起頭來，對天大喊：「這沒有什麼了不起的，它不可能打敗我。」或者默默地

告訴自己：「忘掉它吧，這一切都會過去！」 而這，正應和了那句名言：

　　山不過來，我就過去！

舒馬克：我不在前兩個彎道超車

　　很多人羨慕那些將車開得飛快的人，覺得那種風馳電掣的感覺能夠給人們帶來一種神馳目眩的感覺，前德國車神舒馬克卻不這樣認為。

　　他在回答記者提問時曾說：

　　「我繼續從事這項運動還有其他目的，我希望能夠達到這樣一種境界：讓這項運動超越國界，超越一切界限，甚至超出人們想像的極限。」

　　不過，舒馬克並不是那種喜歡拿自己生命開玩笑的莽夫，他追求的只是速度的極限，但並不是生命的極限。「從理論上來說，車手的任務就是將車的各項性能發揮到極致，但不是將自己的生命也燃燒到極致。所以每當遇到彎道或者有人發生事故的時候，我都會減慢速度，因為我知道，這一定就是那個地段的極限了，我不可能再超越他們。不過為了體驗到賽車的性能極限，我總是將車提升到看起來根本不可能達到的一種速度，但我始終要為自己的生命負責。」

正是本著這種態度,他在比賽之前經常會向車手們提出一項建議,希望大家在前兩個彎道不要超車,因為國際汽聯修改後的賽道明顯不利於車手們在彎道時超車,而且在試車的時候已經有事故發生。

成功之路,絕非坦途。生活中我們必然會遇到一些彎路,這時,我們一定要注意時刻保持警惕,不要貿然前進。其實我們完全可以把這些彎路當成是生活對我們善意的提醒,為自己的生命負責。

生活中每個人都想找一條更省力氣的路到達山頂,所以人們常常追問已經登頂的人,哪一條是直通山巔的捷徑。而那些從山頂上下來的人卻說:「山上哪有什麼捷徑,所有的路都是彎彎曲曲的。想要到達頂峰,還必須要不斷地征服那些根本就看不到路的懸崖峭壁。」

在奮鬥之路上,只有經歷過一些挫折,才能懂得一些道理;沒有品嘗過失敗的味道,又怎麼能夠告誡自己如何不失敗呢?沒有體會過等待的苦楚,又怎麼能夠感悟到成功的魅力?如果心中有了這樣那樣走捷徑的想法,當稍微碰到一點困難,需要堅持一下時,心中就會打起退堂鼓:這不是捷徑,我應該走另一條路。

別忘了一句哲人的名言:人生必須背負重擔,一步一步慢慢地走,穩穩地走,總有一天,你會發現自己是走得最遠的人,而走得最遠的人也就是離成功的峰頂最接近的人。

淮陰侯的「胯下受辱」啟示

　　中國有句成語叫忍辱負重，意即身負重大使命，即便蒙受多大屈辱也能忍受。忍受負重中之忍辱是手段、是表象，而完成使命才是目的、動機。忍辱負重是一切仁人志士、英雄豪傑的重要氣節。

　　受過「胯下之辱」的淮陰侯韓信，自幼家貧，所以衣食無著落，想去充當小吏，卻無一技之長，沒被錄取。因而只得終日遊蕩，後來韓信窮困潦倒到實在沒了辦法，只好把家傳的寶劍也拿出來叫賣，誰知過了多日，竟沒有人買。

　　一天，他正把寶劍掛在腰間，沿街遊蕩，忽然碰到一個屠夫，那屠夫有意給他難堪，嘲笑他說：「看你身材高大，腰佩寶劍，可是卻是懦弱無能之輩。你要是有種，就拿出劍來刺我，若是不敢刺，那就從我的胯下鑽過去。」說完，兩腿一叉，站在街心，擋住了韓信的去路。

　　韓信打量了一會兒屠夫，隨後彎腰就往他胯下鑽。整個街市的人都大笑韓信，認為他膽小懦弱。韓信真的懦弱無能嗎？不是，這正是韓信的過人之處，他能夠忍受公然給予自己的侮辱。這是常人難以做到的，但這正表明了他的內心具有常人所不可企及的堅強意志。不久韓信跟隨劉邦南征北戰，屢建奇功，使敵手聞風喪膽，在漢王朝建立的過程中立下赫赫戰功，封淮陰侯。韓信終於把自己內心的剛強和壓倒

一切敵人的超人才能展現在世人面前，令那說他是膽小鬼的無賴目瞪口呆。

由此可見，韓信之強大，絕非是一屠夫所能阻擋的，他的強大足以刺殺威震一時的西楚霸王！然而他當時甘於忍受胯下之辱，表現出一派懦弱無能的樣子，也完全是必要的。胸懷大志者，怎能與市井無賴多生是非，雖然他可能不費吹灰之力讓屠夫死於自己的劍下，然而他也必然要為人命案件費力勞神，對他施展才華、尋找機遇橫生枝節。所以他初示軟弱，正是他日後強大的基礎。

後來，韓信投奔了劉邦，當了大將軍，被劉邦封為齊王。現在看來，韓信當時的做法是非常理智的。如果他不能忍受一時的侮辱，一怒之下，拔劍而起，殺了那市井無賴，那成就大業也許就會成為虛幻之談。

生活中有了容忍，我們就不會向人翻臉或者暴露出足以引起不幸的弱點來，就會免去許多不必要的糾紛，從而獲得一個相對平衡、和諧的生存空間。

脫離虛榮，走向自由

藍斯登原則提醒我們：一個人，只有真正達到寵辱皆忘，方能做到寵辱不驚。如果一味地死要面子，愛慕虛榮，那他的一生必將是悲劇的一生。

有一個人做生意失敗了,但是他仍然極力維持原有的排場,唯恐別人看出他的失意。為了能重新起來,他經常請人吃飯,拉攏關係。宴會時,他租用私家車去接賓客,並請了兩個計時人員扮作女傭,佳餚一道道地端上,他以嚴厲的眼光制止自己久已不知肉味的孩子搶菜。雖然前一瓶酒尚未喝完他已砰然打開櫃中最後一瓶 XO。當那些心裡有數的客人酒足飯飽告辭離去時,每一個人都熱烈地致謝,並露出同情的眼光,卻沒有一個主動提出幫助。

這種虛榮心是心理上的死胡同,絕不可能使你從中得到任何好處。要想在世上尋找一個毫無虛榮的人,就像要尋找一個內心毫不隱藏低劣感情的人一樣困難。其實,它們之間是有關聯的。虛榮,不過是人們想借它來遮掩他們低劣的心理罷了。

總而言之,虛榮是最不現實、最靠不住的東西,要從內心真正認識到它的危險性,必須從主觀態度上遵循藍斯登處世原則,才能識破「虛榮」之真面目,也才能夠更好地從情緒上調節好自己的心理導向。

先不要當「老大」

曾有過一篇關於工商人物的專訪報導,受訪者是一位電腦業的老闆,這位老闆在提到他的企業與另一家企業孰大孰

第二章　藍斯登定律：達成目標的心性

小的問題時，他說他不去想跟那一家比，也不必跟它比，他強調他採取的是「老二政策」。他說，當「老大」不容易，因為不論研發、行銷、人員、設備，都要比別人強，為了怕被別的公司趕超過去，便不斷地擴充、投資，換句話說就是要花很多力氣來維持「老大」的地位。他認為這樣太辛苦了，而且一旦出現問題，不但老大當不成，甚至連想當老二都不可能。

這只是他個人的想法，因為並不是當「老大」就一定會很辛苦，有人就當得輕鬆愉快，因此，當老大、老二或老三完全是觀念問題。不過這位老闆所說的卻也是事實——當「老大」就要費很多力氣來維持「老大」的地位。

經營企業事實上也的確如此，「龍頭老大」的位子一旦不保，就會給人「某某公司倒了」的印象，於是兵敗如山倒，想力挽狂瀾恐怕沒有那麼容易。

「老大」之路真是一條艱辛路啊！

所以，當「老二」的確也有其實際的地方，這也就是許多人寧當「老二」不當「老大」的原因所在。

其實當「老二」還有其他的好處：

靜看「老大」如何構築、鞏固、維持他的地位，的成功與失敗，都可作為你的經驗和指標。

可趁此機會培養自己的實力，以迎接當「老大」的機會，（假如你有當「老大」的意願的話）。

因為志不在「老大」,所以就不會太急切,造成得失心太重,不會勉強自己去做力不從心的事情,反而能保全自己,也會降低失敗的機率。

總之,做事或經營企業,無論從老二、老三或老五做起都沒關係,就是先不要當「老大」。有一段童謠是這樣說的:「老大屁股大,褲子穿不下」,所以說當「老大」的麻煩真的很多。如能好好地當「老二」,當主客觀條件具備,可以自我主動進退步伐之時,稍作調整,自然就會變成「老大」,這個時候的「老大」才是真正的「老大」。

這也是從另一角度,進一步證明了「藍斯登原則」的有效性。

大人物與小人物的共生關係

大人物想做什麼就做什麼,小人物能做什麼就做什麼。做大人物也好,做小人物也好,並無良莠之分,也沒有難易之別,只是境遇能力不同罷了。可是終究有些人,願意把大人物與小人物分開來看。

其實,大人物也好,小人物也好,都各有各的生活方式。生活中我們常常忽略小人物。其實,小人物並非是愚人蠻者,恰恰相反,多是能工巧匠。小人物熟練精通那些基

本勞動，並沒什麼不光彩的，人人都有自己的生活方式，小人物有小人物的快樂。中國著名物理學家錢學森對此深有體會。

錢學森教育學生說：

「我想，當人類還生活在伊甸園的時候，是分不出什麼大人物和小人物的。只是人類自己漸漸地感到大家都是一般高低的生活太乏味了，於是，才有人站在了高處，成了大人物。人群裡便有了大人物與小人物。

其實，少數大人物的存在，首先是因為有千千萬萬不顯眼的小人物的襯托而存在的。時常是小人物成就著那些大人物。小人物就像池塘裡的水，大人物就像浮出水面香氣襲人、亭亭玉立的荷花。試想，沒有水，荷花何以生存！

人們往往只看到少數大人物的作用。實際上，在日常生活和平凡的事業中，小人物比大人物更不可少。雖說不想當將軍的士兵不是好士兵，但是，如果每一個士兵都想當將軍的話，那支軍隊肯定是無法打仗的。拿破崙再厲害，真正的動刀槍的還是成千上萬的士兵。」

認識你自己

在人們的潛意識裡還是存在著「大人物」與「小人物」的，這是事實，不可否認。但是「大人物」畢竟少而又少，而

「小人物」就在你我身邊。而「大人物」也是從「小人物」不斷地變「大」的。「小人物」的言行嗜好其實不外是「大人物」們的縮影。「大人物」的昨天其實就是「小人物」的今天。我們平時見到的一些「大人物」特別是公眾人物，形象是光輝燦爛的，但幕後的生活與「小人物」何異？

大家熟悉的古希臘寓言家伊索是一個奴隸，他相貌奇醜，但他從不小看自己，反而以自己的絕頂聰明贏得了自由之身。據說他的主人因為他的醜陋，不肯在一個官員面前承認他是自己的奴隸，說他與自己一點關係也沒有。於是伊索就請那位官員作證，要主人解除自己的奴隸身分，因為據他說自己與他一點關係也沒有。主人賞識他這樣敏捷的才智，答應了他的要求，從此，伊索成了一個自由鄉民，他為我們留下了偉大的《伊索寓言》，贏得了後人的極大尊敬。

相反，英國哲學家培根為了保衛自己的地位而不惜反戈他從前的恩人，一連串的升遷使他終於爬到了大法官的高位。但是對於歷史來說，他的價值卻只展現在他被迫隱居的幾年裡所寫作和編定的那些不朽的著作上。我們今天所知道和敬佩的是哲學家培根，並不是大法官培根。他自己也感嘆過，後悔沒有及早退出官場，來做那份了不起的工作。

所以說，一個人，無論地位高低，要認識自己都不是一件容易的事。地位高的人容易認為自己很了不起，其實未必；

地位低的人容易自暴自棄，其實不必。一個人社會地位的高低並不能說明一個人價值的高低。要知道，我們只是芸芸眾生中的一員，無論地位高低，不必忘乎所以，也不必自暴自棄，你的價值自有後人評定。

覓得大境界

古時有一個小吏嫌自己的地位低下，總是為得不到別人的尊敬而苦惱。一天，他去向老子求教：「先生，我的地位太低，不僅得不到尊敬，而且時常受到欺負，你能替我出個主意嗎？」老子問明了他的情況後，說：「一個人能否受到別人的尊敬，並不是由於他的地位所決定的。江海能成為百川匯集的地方，就是因為它處在最低的地位上啊！你要想在百姓之上，就必須對他們謙下；要想作為百姓的表率，就必須把個人的利益放在百姓的後面。這樣做了，就不會有人不尊敬你了。」小吏說：「我明白了，為人表率，才能受人尊敬。」

一個人苦苦尋找自己的地位尊嚴，是無可厚非的，但他應該從哪裡尋找自己的尊嚴和怎樣去尋找自己的尊嚴呢？雖然我們不能說人的尊嚴與社會地位毫無關係，但如果把個人的尊嚴完全與社會地位連繫在一起，只知道從社會地位中去尋找個人的尊嚴，毫無疑問是錯誤的。

許多人在處理人際關係時，常常表現為三種形式：對上級極為恭順，以保其寵；對同僚排斥傾軋，以防爭寵；對下

屬盛氣凌人,以顯其寵。這其實是一種很不明智的做法,因為這樣一來勢必樹敵太多,使自己陷於孤立。殊不知小卒一旦過河得勢,車馬未必能擋。看似平凡的小人物往往具有大境界,與他們交往,可以助大人物成就大事,其作用偉人聖賢亦難匹敵。

保持平常心

地位是一個人某種能力或者權力的展現,卻不是其人生價值的全部展現。處於高位者有其處於高位的難處,而處於低位的往往具有處於高位者所不具備的大境界。因此,不管我們被現實生活定位如何,我們都應保持一種平凡的心態,坦然面對。

著名作家劉墉有一位朋友,非常喜歡登山,臺灣百岳他幾乎全登遍了。有一次劉墉問他的朋友登山有什麼感覺,他說:一則以喜,一則以悲,喜的是覺得自己很偉大,悲的是又感覺自己很渺小。當辛苦登上山巔之後,看萬物都在腳下,那種「會當凌絕頂,一覽眾山小」的偉大感覺是最快樂的。但是當舉目蒼天、俯瞰大地時,又覺得在宇宙之中,自己是那麼微不足道,而有「寄蜉蝣於天地,渺滄海之一粟」的悲哀。

的確,身處天地之間,任何人都是渺小的,我們每一個人都有其偉大與平凡之處。所不同的是,平凡的人用平凡掩

蓋了偉大，偉大的人用偉大擋住了平凡。任何生命——平凡的生命和偉大的生命，都是從零開始的。只是平凡的人離零近一些，偉大的人離零遠一些。

追求平凡，並不是要你不思進取，無所作為，而是要你於平淡、自然之中，過一個實實在在的人生。

第三章
250 定律：
顧客源源不絕的行銷哲學

每一位顧客身後，大體有 250 個親朋好友，如果你得贏得了一位顧客，也就意味著贏得了 250 位顧客；反之，如果你得罪了一位顧客，也就意味著得罪了 250 位顧客。

第三章　250 定律：顧客源源不絕的行銷哲學

每位顧客背後的 250 人

在每位顧客的身後，都大約站著 250 個人，這是與他關係較為親近的人：同事、鄰居、親戚、朋友。

倘若一個推銷員在年初第一個星期見到 50 個人，其中只要有兩個顧客對他的態度感到不高興，到了年底，由於連鎖反應就可能有 500 個人不願意和這個推銷員打交道。他們知道，與這位推銷員做生意是會給自己惹麻煩的。

這就是美國著名推銷員喬‧吉拉德在商戰中總結出的「250 定律」。他認為每一位顧客身後，大概有 250 個親朋好友。如果你贏了一位顧客的好感，就意味著贏得了 250 個人的好感；反之，如果你得罪了一名顧客，也就意味著得罪了 250 個顧客。這一定律有力地論證了「顧客就是上帝」的真諦。

由此，我們可以獲得如下啟示：必須認真對待身邊的每一個人，因為每一個人背後，都有一個相對穩定、數量不小的群體。善待一個人，就像撥亮一盞燈，照亮一大片。

流失一位顧客的巨大損失

大多數的人不知道失去顧客的真正損失——當一位不滿意的顧客決定不再與我們進行交易的時候，造成的損失往往超過我們的想像。

這裡講述一件瑪麗的故事：

瑪麗在快樂超級市場購買日用品已經持續了很多年，但最近她決定不再去這家超市購物，因為她覺得自己沒有受到應有的重視。

一天，瑪麗照常來到快樂超市，想買一些日用品和牛奶、飲料。她發現蘋果的包裝還是那麼大，脫脂牛奶也沒有貨，醬油也馬上就要過期了，瑪麗顯然有些生氣，因為她已經不止一次地把她的要求或者說是建議告訴服務員。因為她是單身，大袋的蘋果吃不了，全脂奶粉吃了容易發胖，任何入口的東西一定要新鮮。可是，超市的作法沒有任何的改變。這次她找到了超市經理，不想經理的話更令她吃驚，經理說：「我們超市面向的是大眾，不能因為妳個人的要求而改變。」

瑪麗走出快樂超市的時候氣極了，居然會遇到這樣的事情，她發誓不再到快樂超市買東西了。

她每星期大約花費 50 美元辛苦血汗錢在這家超市，卻連句「謝謝您」都沒有得到，根本沒有人在意她是不是一位滿意的顧客。

第二天，瑪麗決定到另一個地方的超市購物，也許這家超市懂得重視、珍惜顧客。

果然，這家超市從經理到普通員工上上下下都非常重視瑪麗的感受，她提的任何一個建議，這家超市都能接受並按她的要求去做。

第三章　250定律：顧客源源不絕的行銷哲學

然而，即使這樣，快樂超市還是不擔心這件事情，他自以為它是一家規模很大的連鎖超市，不需要瑪麗女士這樣的顧客，更何況她有時候真的很挑別。他們想，流失一位顧客固然有些可惜，但是像這樣的一家大公司不會只為了阻止一個老太婆到另一家競爭超市購物，就這樣扭曲自己的經營方式。

快樂超級市場的員工們應該知道成功的事業要有長遠的眼光，他們要看的是這個事件對他們產生的負面影響。可惜他們並不知道。

下面我們來算算流失像瑪麗一樣的顧客損失會有多大。

失去瑪麗絕不只等於損失50美元生意，而是比這個更多更多，她是一個星期平均消費50美元的顧客，換算成一年就是2,600美元，10年就是26,000美元。她當然可能一輩子都在快樂超市消費，但是先以10年為例。

根據研究顯示，一位不滿意的顧客平均會與另外11個人分享他們不快樂的經驗，有些人甚至會告訴更多的人，不過假設瑪麗只告訴11個人，根據相同的研究顯示，這11個人可能會告訴另外5個人。那麼就是11×5＋11＋1＝67個人。

我們假設這67個人是快樂超市的潛在顧客，其中僅有25%的人因此決定不在快樂超市購物。67的25%是17人。

假設這17人也是一星期消費50美元的顧客，換言之快樂超市每年將損失44,200美元，而這都只是因為瑪麗不滿意而引起的。

這些數字就足以叫人產生警惕，但這些數字還只是保守估計而已，一位顧客事實上每星期絕不止花 50 美元用於購物。所以失去一個顧客實際上造成的損失比這些數字多很多。

滿意顧客帶來的無限價值

據權威機構研究指出，一位滿意的顧客，會把他的愉快經歷告訴其他 3～5 人。我們取一個平均數 4 人，也就是說一個滿意的顧客至少會向 4 個人分享他的經歷。這 4 個人又會分享給他的朋友，至少是 4 人，我們可以一個公式來計算一個滿意的顧客會帶來多少個滿意的顧客：1×4＋4×4＋……2n×4。假設一個滿意的顧客會帶來 10 元的價值，那麼，可以得到這樣一個公式：1×4×10＋1×4×4×10＋……（2n＋4）×10。以這樣的方式來計算的話，數目是非常驚人的。

以上的計算還是非常保守的計算，因為我們還沒有算顧客的流失，事實上顧客的流失率是非常大的。以美國為例，美國各大公司平均每年將會損失 10%～30% 的顧客，當顧客面對新的選擇時，大約有 1/3 的人會選擇競爭對手的產品或服務。如果不滿意，他們立即走人。所以，保留顧客的意義將更加重大。不管你同不同意，你必須接受顧客至上，顧客是我們生存的理由的觀念。

第三章 250定律：顧客源源不絕的行銷哲學

《追求卓越》的作者湯姆‧彼得斯把顧客視為一項不斷增值的資產。

一位超市的經理曾經說過，當一位顧客走進他的店時，他看到顧客前額印有6萬美金的戳記。他解釋說：「每一位顧客都是『未來的資產』。」

接下來他以一項很有趣的公式作為比喻。

他說：「比如說一個四個人的家庭，每星期的食品雜費花掉125美元，將它乘上一個月（四個星期），再乘上一年（12個月）就有6,000元。10年後就有60,000元。再說，顧客的口耳相傳介紹給他人也不是一個小數目，至少每一個特定顧客在一年內會影響一個人前來購買。10人的消費額60,000再乘上10年就有60萬。」

吸引新顧客的高昂成本

現在的顧客比以前更有消費觀念和消費意識，懂得仔細購物，選擇有價值的商品，也講求顧客服務品質。不管做什麼行業，永遠不止你一家，顧客有權來選擇你，同時也有權拋棄你。他們不僅可以貨比三家，而且還可以以自己對你的感覺來判斷是否使用你的產品。市場是殘酷的，你丟失了一位顧客，你的對手就多了一位顧客。如果你所服務的顧客越

來越少，你要成功，你要賺大錢是很難的。看一個人有多成功，關鍵是他所服務的人數有多少。

世界上有三種最有效率的提高收入的方法：

- 增加客戶數目；
- 增加每一位客戶單筆生意平均交易量；
- 增加客戶回頭交易數目。

要成功就要增加客戶的數量，量大是致富的關鍵。增加客戶的數量，一要保留忠誠顧客，二要吸引新顧客。吸引新顧客一般比保留忠誠顧客要難，據顧客服務的相關研究顯示，吸引新顧客是保留忠誠顧客的 6 倍成本。假如保留一位忠誠顧客需要 20 元，那麼，吸引一位新的顧客則需要 120 元。不僅如此，一個不滿意的顧客可能向其他 10 個人宣傳，其中 13% 的人再告訴另外 20 個人。我們不妨計算一下，損失一位忠誠顧客的價值有多大，$1 \times 10 \times 20 \times 13\% \times 20 = 520.00$ 元。一個滿意的顧客，會把他愉快的經歷與其他 3～5 人分享。$1 \times 20 \times 3 \sim 1 \times 20 \times 5 = 60.00 \sim 100.00$ 元。所以，留住忠誠顧客是非常非常重要的。

留住忠誠顧客的方法有：

- 熟記顧客姓名。在眾多顧客中，能夠直呼其名的服務令顧客感到滿意。

- 贈積分卡。顧客憑著積分卡可免費得到等值的產品。
- 不斷地為顧客提供新的產品。
- 增加顧客的滿意度。
- 降價促銷。

喬‧吉拉德的行銷祕訣

喬‧吉拉德認為，我們每個人都認識大約 250 個人。他猜測，參加一個典型的葬禮或婚禮的人數可能就是那麼多。

實際上，喬在得出這個數字之前，曾經向承辦葬禮的人了解他們通常印製多少張──帶有死者名字和照片的──彌撒通知單。葬禮承辦人告訴他說，「大約 250 人」，前來向死者告別。婚禮也能夠表明一個普通人擁有多少朋友和熟人。

統計的結果是：參加一個普通人的婚禮的也同樣是 250 人左右。很顯然，有些人認識的人可能少一些，而有些人認識的人則可能多一些，但是「250」似乎是一個非常準確的平均數。

在吉拉德的行銷生涯中，他每天都將 250 定律牢記在心，抱定生意至上的態度，時刻控制著自己的情緒。不因顧客的抱怨，不因自己不喜歡對方，或是自己心緒不好等原因

而怠慢顧客。吉拉德說得好:「你只要趕走一個顧客,就等於趕走了潛在的 250 個顧客。」

喬‧吉拉德就此舉了這樣一個例子:

假如我一周內接待了 50 名客戶,其中有兩個人對我給他們提供的服務感到不滿。那麼,到了年終,就會有 5,000 人被我在一周之內得罪的那兩個人所影響。我從事汽車經銷業截止目前已經有 14 年的歷史了。因此,假如我一周僅趕走兩名客戶,那麼 14 年裡被我趕走的客戶將會有 7 萬名之多,足夠坐滿一個體育場了。這些顧客都會堅信一點:不要購買由喬‧吉拉德銷售的汽車!

記住,負面的連鎖反應可以給你帶來毀滅性的後果,但是,你也不要忘了,漣漪並不總是朝著一個方向擴散的。如果顧客滿意的話,他同樣會把你所提供的良好服務告訴周圍的朋友和同事們。

吉拉德認為,對於行銷人員而言,特別需要顧客的幫助,他的許多生意都是由「獵犬」(那些會讓別人到他那裡買東西的顧客)幫助的結果。他的一句名言就是「買過我汽車的顧客都會幫我推銷」。

生意成交之後,吉拉德總是把一疊名片和「獵犬計畫」的說明書交給顧客。說明書告訴顧客,如果他介紹別人來買車,成交之後,每輛車他會獲得 25 美元的酬勞。幾天之後,吉拉

德會寄給顧客一張感謝卡和一疊名片,接著他每年都會收到吉拉德的一封附有「獵犬計畫」的信件,提醒他吉拉德的承諾依然有效。如果吉拉德發現顧客是一位領導人物,其他人可能會聽他的話,他會更加努力促成交易並設法讓其成為「獵犬」。

實施「獵犬計畫」的關鍵是守信用——一定要付給顧客25美元。吉拉德的原則是:寧可錯付50個人,也不要漏掉一個該付的人。「獵犬計畫」使他獲得很大的收益。1976年,「獵犬計畫」為吉拉德帶來了150筆生意,約占總交易額的三分之一。吉拉德付出了1,400美元的「獵犬」費用,收穫了7,500美元的佣金。

具體而言,顧客對商品銷售的影響可以用垂直展開和水平展開兩種方法來分析判斷。

所謂垂直展開是指在顧客自身的消費活動中,使用公司商品的空間有多大,顧客再次購買的機率有多大。假如不再購買同樣的商品,那麼顧客從起床到就寢,有多大的機會使用到公司別的相關商品呢?

而所謂的水平展開則是顧客周圍的人能受到多大影響呢?顧客和家人、親戚、朋友、同事們的談話能多大限度地促使他們購買你的商品呢?

假如商品在水平和垂直兩方面都有延伸的可能,那麼只要以某種商品吸引到了顧客,就可以持續地讓其他商品走進

顧客的視線中,甚至可以延伸到顧客身邊的朋友,賣得越多就越輕鬆。對於資金薄弱的公司而言,它有非常誘人的前景。

只要有影響力的顧客說幾句話,他周圍的人就會成為新客源,他也就成了你不付薪酬的義務推銷員。

發掘具影響力的顧客

那麼,我們不禁要問,能夠帶來更多買家的有影響力的顧客都是哪些人呢?通常,人們參照以下的三個標準來尋找自己有影響力的顧客:

- 被潛在顧客所憧憬的人;
- 以說話為職業的人,有充分時間說話的人;
- 上述的人當中,手握資訊源的人。

第一類是被潛在顧客所憧憬的人。

所謂被潛在顧客所憧憬的人,具體而言就是明星或行業領袖。比如說,在推銷美容品時,只要在電話裡很八卦地說:「不要告訴別人啊,布蘭妮也在用這個呢!」你的商品就會變得特別好賣,口碑也會迅速傳出去。在向飯店推銷商品時,只需說:「希爾頓酒店用的也是這個商品,可以免費試用。」許多情況下對方都會提出進一步商談的請求。

第三章　250定律：顧客源源不絕的行銷哲學

當紅明星和行業領袖成為你的顧客之後，業務開展就會變得十分順利。尤其是在開展新業務時，就憑這點就可大幅度地縮短崛起時間，因此就算是賠錢也要讓他們成為你的顧客。

所以，當從事令人嚮往職業的名人成為你的顧客後，商品的競爭力就會立即上升。有了這樣的效果，那些大企業當然會花幾百萬美元讓明星來做廣告了。然而一般規模的公司，沒有這麼多的資金，又該怎麼辦呢？

事實上，還有一個好主意：把你身邊的人變成名人。

有一個小小的運動俱樂部，舞蹈是這裡的強項。因為俱樂部極小，所以不可能有大牌的舞蹈明星。然而，從他們的廣告來看，教跳舞的人都屬於實力派，甚至會讓人覺得「這裡是不是相當有名的舞蹈工作室呀？」裡面有劇團的群舞演員啦、全美國爵士選拔賽的冠軍啦。有的個人簡介裡居然寫著連任過迪士尼的清潔總監。「他還掃過地呀，可真不容易。」人們完全被征服了。那些照片的確拍得頗為不錯，看上去真有點明星教員大集合的味道。

關鍵就在於「看上去」這幾個字。實際上他們不過是當地對舞蹈有點痴迷的小哥哥小姐姐們。重要的是要把麻雀變成鳳凰，把普通人透過「創造」變成人人崇拜的專家。例如：若公司的客戶名冊中有醫生的話，就可以向人介紹「他在某某領域是權威」。他本人可能會相當謙虛，不過當你向人們講述

他的業績時,一定要把他當成真權威。還有,假如顧客名單上有茶道的老師,你就可以向人們介紹「他曾師從於某某」。有了「師從」這樣的字眼,就算大家不知道「某某」先生是誰,也會覺得他一定是個了不起的人物。

你當然不能撒謊,然而如果不盡全力地雕琢就大錯特錯了。

很多的公司對眼前的人與物並沒有努力雕琢。那些關鍵性的人物既遠在天邊也近在眼前。發現他們的優點,加以反覆雕琢,這是最簡單、最快捷的把顧客變成明星的祕訣。

第二類是以說話為職業的人。

以說話為職業的人,即使在工作時間也能為你的商品做推銷。他每天都在尋找新的商品資訊,傳播消息的能量也相當驚人,對你來說,可謂是最佳的顧客了。

以企業管理顧問這種職業為例,在網路熱的初期,在網路商店購物的人中就有不少網路企業的顧問。這些顧問先生們為了寫一些關於網路最新動向的文章,會經常到電子商店購購物,然而還會在報紙、雜誌上進行宣傳。假如有了這樣的顧客,慢慢地新客戶就會蜂擁而來。

像這種愛說話、愛傳播資訊的職業還有哪些呢?

公司經營者也可以說是以說話為職業的人。每天例行的早會,一定要說些顯得自己很聰明的話才行啊。還有,管理者中自我顯示欲特強的人占了大部分,所以就會把自己的喜

第三章　250定律：顧客源源不絕的行銷哲學

好強加給別人。結果呢，只要總經理用，他的家人就得用，他的員工們也得用，這樣的客戶網就會越結越寬。

學校的老師也是以「講話」為生，而且社會影響力極強。所以商家處於導入期時，常常會以他們為目標顧客。比如銷售太陽能熱水器，根據教職員名單進行電話推銷後，接下來的迴響就會相當的好。

勿庸置疑，傳媒人員以說話為職業的人的代表，假如顧客中有傳媒的記者，他就有可能在廣播和電視中替你做免費宣傳。如果以此為契機進一步挖掘，常常能一舉獲得為數眾多的顧客。

以上所說的不同職業，其資訊發布力和影響力也明顯不同。在構建公司顧客策略的時候，只要有意識去關注那些對周圍有影響的人。你的資訊就會像裝上擴音器一樣，家喻戶曉。

第三類是手握資訊源的人。

所謂手握資訊源的人，是指那些雖非媒體（如電視、電臺等），但也能面向大眾發布資訊的人。因為他們可以在同一時間向很多人告知資訊，所以他們也是有影響力的顧客。

具體而言，他們可能是面向顧客發行定期免費刊物的公司，也可能是網路上向許多讀者發郵件的電子版雜誌的執筆人。像他們這樣定期向讀者提供資訊的人，會有相當高的信任

度,對周圍有非常強的影響力。由於不是正式媒體的緣故,傳播的人數較為有限,不過他們的傳播有很強的針對性,就反應強烈程度來說,普通意義上的媒體不能與之相提並論。

舉例來說,某合資公司每月向顧客發行一種叫「葡萄酒通訊」的贈刊。有一次,它剛剛在贈刊中介紹了一家有生意往來的餐廳,第二天就有大批顧客奔向那家餐廳,餐廳老闆樂得半天合不攏嘴。

當然了,專題俱樂部、小圈子聚會等等中的消息靈通人士也擁有不凡的影響力。假如你對他們進行「創造」,使之成為本地名人後,公司也將可能成為他們的話題焦點,雙方就能建立起雙贏的關係。

請求老顧客介紹新顧客

始終不要忘記向滿意的顧客打聽誰還可能需要你的商品,並設法弄清楚他們的地址和電話號碼等。接下來,透過電話和他們取得聯繫或者把你的名片寄給他們。

雖然這種做法只常見於某些行業,但是它還同樣適用於許多其他情況。你可以給顧客們推薦給你的人打個電話,做一下自我介紹並邀請他們到你的商店或公司來。接到類似這樣的一個私人邀請,大多數人都會感到非常驚喜。這樣做的效果遠遠勝於坐在櫃檯後等候他人的到來。

當然，對於被推薦者的資訊來說，你得到的越多越好。但是，在請求顧客為你推薦他人時，不要過於勉強顧客。其實，你只要能弄到被推薦者的名字，地址或電話號碼，就已經足夠了。其他資料，如果你需要的話，可以日後再查！

比爾在一家保險公司上班。有一次，在與一位客戶的談話即將結束時，他這樣說：「就這筆生意來說，你可以用兩種方式和我結算。如果你想採取第一種方式，那麼請把你認識並且有可能從我剛才推銷給你的業務中獲益的人的名字告訴我；如果你想採取第二種方式的話，那麼就請你給我一張支票吧。」

透過這樣的表達方式，比爾實際上著重強調了客戶為其推薦新客戶的重要性。甚至還沒拿到客戶的錢，他就已經開始要求對方為其推介新客戶了！

從滿意到忠誠，顧客的轉變

滿意的客戶與忠誠的客戶是不一樣的。一位忠誠的客戶對我們的價值遠遠大於滿意的顧客。據權威研究機構充分調查，一家公司 65% 的業務來自於顧客重複性的購買，也就是忠誠顧客的重複消費。我們不僅要有滿意的客戶，更需要有忠誠的客戶。試想一位滿意的客戶雖然對你所提供的產品或服務比較滿意，但他今天在這家消費，明天又在那家消費。你的業績特定不會太好。按照美國一家叫 AAON 諮詢公司忠

誠度研究所研究的結果：50% 以上的滿意客戶會到別處購買同樣的產品。

那麼，又是如何使滿意的客戶轉變成忠誠的客戶呢？

- 客提供超越顧客的期望、盡可能提供好的服務體驗；
- 重視顧客的想法和需求，並對顧客的要求與投訴做出積極的反應；
- 幫內部員工做培訓，讓他們了解如何提高顧客忠誠度以及提高顧客忠誠度的重要性；
- 永遠提供物超所值的產品或服務。

下面我們來看看美國一家生產袋裝食品的公司是如何培養顧客忠誠的：

1990 年代早期，他們發現產品銷售額開始下滑，一開始，他們就成立一個小組研究是什麼因素影響客戶的購買力下降。結果發現，客戶隨著年齡的增長，他們對健康比過去更加在意，他們不再需要脂肪和膽固醇的產品。於是公司馬上做出決定，轉變策略，為現有的客戶開發新的食品，重新生產不含脂肪和膽固醇的食品。他們深知忠誠的客戶對公司是多麼的重要。

事實證明，他們的做法是正確的，他們不僅成功地留住了公司的老客戶，而且還吸引了更多關注身體健康的新客戶。

第三章 250定律：顧客源源不絕的行銷哲學

第四章
羊群效應：擴大管理的格局

羊群是一種很散亂的組織。平時，大家在一起盲目地左衝右撞；後來，一頭羊發現了一片肥沃的綠草地，並在那裡吃到了新鮮的青草，後來的羊群就一哄而上，你奪我搶，全然不顧旁邊虎視眈眈的狼，或者看不到遠處還有更好的青草。

第四章　羊群效應：擴大管理的格局

地獄裡發現石油

有這樣一個幽默故事：

有一個人白天在大街上跑，另外一個人看到了，也跟著跑，結果整條街的人都在跟著自己前面的人跑，場面相當壯觀，不清楚的人還以為發生什麼大事了。

除了第一個人，大家並不知曉自己跑的真正理由，僅僅因為第一個人的奔跑就帶動了其他人的跟進。這樣滿大街的人都成了別人眼裡的瘋子。

還有另外一個故事：

一位石油大亨到天堂去參加會議，一進會議室，發現座無虛席，自己沒有位置坐，於是，他靈機一動，喊了一聲：「地獄裡發現石油了！」

這一喊不要緊，天堂裡的石油大亨們紛紛向地獄跑去，很快，天堂裡就只剩下那位後來的石油大亨了。

這時，大亨心想，大家都跑了過去，莫非地獄裡真的發現石油了？

於是，他也急匆匆地向地獄跑去。

這兩個故事說明，人們都有一種從眾心理，由於從眾心理而產生的盲從現象就是「羊群效應」。

羊群是一種很散亂的組織。平時，大家在一起盲目地左衝右撞。然後，一頭羊發現了一片肥沃的綠草地，並在那裡

吃到了新鮮的青草，後來的羊群就一哄而上，你爭我奪，全然不顧旁邊虎視眈眈的狼，或者看不到遠處還有更好的青草。

於是，人們就用羊群來比喻沒有判斷力、經常盲從的普通大眾。

排隊前進的毛毛蟲

一般來說，應變能力強的人，都是聰明人；但聰明人的應變能力不一定強，有些聰明人，平時辦事還可以，一遇緊急情況就失去了主意，甚至驚惶失措。

在非洲和地中海一帶，有一種蛾類的昆蟲，牠們的幼蟲毛毛蟲從卵中孵化出來之後，就成百地集結在一起生活。在外出覓食時，通常是一隻隊長帶頭，其他的毛毛蟲頭頂著前一隻夥伴的屁股，一隻貼著一隻排成一列或兩列前進，這樣的隊伍的最高紀錄是 600 隻。為預防自己不小心走岔路跟丟了，牠們還一面爬一面吐絲。等到吃飽了葉子，牠們又排好隊原路返回。

法國昆蟲學家法布爾曾經仔細研究過這些毛毛蟲。他先是把隊長拿走，但後面的一隻迅速補上，繼續前行；又把牠們的絲路切斷，雖然會暫時把牠們分開，但後面的那隊會到處聞，到處找，只要追上前面，馬上就會合而為一。

第四章　羊群效應：擴大管理的格局

　　法布爾所做的實驗中，最有意思的是計誘毛毛蟲走上一個花盆的邊緣。毛毛蟲一走上去就沿著邊緣前進，一面走一面吐絲。令法布爾驚訝的是，這群硬頭毛毛蟲當天在花盆邊緣一直走到筋疲力盡才停下來，中間曾經稍作休息，但是沒吃也沒喝，連續走了十多個小時。

　　第二天，守紀律的毛毛蟲佇列絲毫不亂，依然在花盆邊緣上轉圈，沒頭沒腦地跟著前面的走。第三天、第四天……一直走了一個星期，看得法布爾都不忍心了。終於到了第八天，有一隻毛毛蟲掉了下來，意外地突破困境，這一群毛毛蟲才重返家園。

　　這種毛毛蟲的排隊行為，當然有一定的功用；但其實際上是固執、愚昧至此，除了用「盲從」以外恐怕再也找不到更好的詞來形容牠們了。

　　有人說，如果把這些毛毛蟲首尾相連，牠們就會活活餓死。不知道科學家們是否做過這樣的實驗，而這種缺乏應變能力的行動在我們的生活中也是隨處可見的。

　　據報載，一個中學生的母親在家淋浴洗澡，暈倒了。該生救母心切，急忙鎖上門搭公車去找父親，一個多小時後趕到父親公司，父親不在，他又趕忙去母親上班的醫院要叫救護車。救護車外出，這位學生回家去等。此刻其父到家，父子二人又在家等了一個多小時，救護車才到，總算把須急救的人送到醫院。

據說此中學生並不是痴呆之人,而是品學兼優的學生,他頭腦聰明,成績優秀。可是學習中的資優生,生活中的辦事能力卻如此之差!叫救護車、找計程車不過是正常之為,如果連正常反應都沒有,又哪來的應變能力?

有人辦事能稱得上精明,韜略也不少,可是一旦突然情況出現,或事情不是原來設想的那樣,就「沒招」了,而等事情一過,奇謀妙策又都想起來。這種人精於謀拙於敏,很難說他有多高的應變能力。

由此可見,長於應變者必能轉危為安,所以不論做什麼事,應切記盲目行動是一大忌,倘若像上文所提到的毛毛蟲一樣沒有應變能力,找不到行動的正確方向,那麼一旦陷入困境之中,失敗是在所難免的。

商場上有這樣的說法:同樣一樁生意,做第一的是天才,做第二的是庸才,做第三的是蠢才,做第四的就要入棺材了。由此可見跟隨者的悲哀。

因此,要想擺脫這種跟隨者的邏輯,你必須保持自己的個性,擁有自己獨立的判斷,絕不能做一隻溫順的羔羊,而要做一頭狼。

狼懂得合作,在狼群中有嚴明的秩序、自覺的紀律和明確的行動目標。同時,狼也有極強的生存能力,獨行千里,仍能保持一定的危機預警力、攻擊力和抗爭力。

第四章　羊群效應：擴大管理的格局

狼的這些特性，使牠獲得了陸地食物鏈中「最高終結者」的稱號，人們在驚恐其凶殘冷酷的同時，也不得不為其靈敏的危機處置能力和頑強的拼搏精神所驚嘆。

試想，如果羊在保持其溫和善良本性的同時，能夠學一點狼的警惕、紀律、有目的性、應變能力、生存能力、抗爭能力等，不就可以改變弱肉強食的命運，甚至展露勝利者的微笑嗎？

盲從與理性的選擇

在商品經濟尚不發達、市場形成的初級階段，羊群行為是很難避免的。

大多數學者對羊群行為持否定態度，其實，對待羊群行為要辨證地看。由於沒有足夠的資訊或者搜集不到準確的資訊，透過模仿他人的行為來選擇策略並無大礙，在企業發展初期許多企業和行業在模仿策略下都取得了很大進步。

羊群行為產生的主要原因就是資訊不完全，由於未來狀況的不確定，導致了人們的判斷力出了問題，因而才有了從眾的盲動性。

正確全面的資訊是決策的基礎。做決定時有兩種苦：一是決定前的思考、猶豫之苦。一是決定後悔恨、無奈之苦。

很不幸的是,從一連串的事例來看,有很多人都會遇到第二種苦。「做了再說!」、「哎!船到橋頭自然直!」這些通常都是我們做決定時的座右銘。

西方人經常嘲笑我們沒有邏輯觀念及涵養,笑我們沒有科學方法,有時候我們真的不得不承認。雖然說任何決定的意義,都取決於自己的價值觀和人生需求,但這卻不代表我們可以憑情緒隨便行動。

有一個父親過世之後,只留給兒子一幅古畫,兒子看了十分失望,正要把畫束諸高閣,突然覺得畫的卷軸似乎異常的重,他撕開一角,驚奇地發現不少金塊藏在其間,於是立刻把畫撕破,取出了金子。然後他又看到卷軸中藏有一張字條,指出畫是古代名家所繪的無價之寶。可惜畫已經在他衝動之下撕得破碎不堪了。

人們常在發現小利,而急於爭取的時候,破壞了自己獲得大利的機會。

第二次世界大戰時某部隊在進行訓練,其中的一名士兵不大擅長賽跑,所以在越野賽中很快就遠落人後,一個人孤零零地跑著。

轉了彎,是個岔路口,一條路,標明是軍官跑的,一眼望去,路面筆直平坦;另一條路,是士兵跑的小徑,彎彎曲曲,坑窪不平。這個士兵停頓了一下,暗自咒罵做軍官有許多特權,但是仍然朝著士兵的小徑跑去。

第四章　羊群效應：擴大管理的格局

　　沒想到的是過了半個小時等他到達終點，竟然是名列第九。士兵驚訝地說：「一定是弄錯了，我從未跑過前10名，說實在的，連前50名也沒有跑過。」主持賽跑的軍官笑著說：「今天你不是跑了前10名嗎？」

　　過了好幾個鐘頭，大批人馬到了，他們跑得筋疲力盡，而先到的士兵正悠閒自在地喝著咖啡。這時大家才醒悟過來，在岔路口採取哪種行動是多麼重要。

　　人生有很多抉擇，都是在過急的情況下出錯的。因此，做決定前，請給自己一分鐘做最後的檢查、比較和判斷，或許，你會發現新的盲點。所謂「三思而後行」，說的就是這個道理。

　　一個決定在你腦海形成而尚未付諸行動之前，這個決定還只是個構想，你隨時要修改都可以。一旦做出實際行動，要改就很難了。因此，如果你投入諸多心血去規劃一件事，那麼在做出某一決定前，請再給自己一分鐘的三思時間，在決定前，給自己一分鐘，決定後你就可以省下幾十個小時甚至幾個月的修正、改過時間。

如何將羊群企業變成狼群企業

　　理性地利用和引導羊群行為，可以很快地創建區域品牌，並形成規模效應，從而獲得利大於弊的效果。

如果一個地區的經濟處於剛剛起步階段,絕大多數企業都只能是中、小規模的企業,對外競爭力肯定不強。

但是,經過明確的分工和社會化協作,密切相關的產業可以形成配套體系,聚集成完整的產業鏈,實現「聚集效應」。

大量的企業在「聚集效應」的引導下,施行合理的分工協作,以及對品牌、技術專長等無形資產的共享,產生了諸多協同優勢:

成本優勢的協同效應

企業在聚集過程中,提高了企業之間的交易效率,形成了產業關聯較強的企業;而且由於地理位置接近,節省了相互物質和資訊的轉移費用,因此降低了交易成本;中小企業透過共同使用公共設施,減少分散布局所增加的額外投資,這一有形共用又減少了不少的成本。

創新能力的協同效應

系統理論顯示,系統中各要素的協同作用能產生新的特質。大量中小企業的聚集促進了企業之間、人員之間的非正式溝通,地緣及親情使企業具有天然的親和性。實現各企業的協調互補,可以使一項新的科學技術、管理經驗在相關或

第四章　羊群效應：擴大管理的格局

相似的企業不斷推廣，組合衍生出更多的創新。它不僅推動了區域內的規模經濟，而且實現了外部範圍的規模效益。

動態柔性的協同效應

許多企業的相互作用，協調互補，在長期的交流與協作中逐漸地形成了複雜、靈活多變的競爭優勢。這種無形的協同競爭優勢是動態的、發展的、微妙的，能創造難以估量的效益。

在「聚集效應」和協同優勢的作用下，一些羊群企業紛紛脫穎而出，演變為狼群企業。

尋找企業的領頭羊

要想讓羊群變狼群，必須找到好的領頭羊。

如果有一個好的領頭羊，將對社會經濟有一種良好導向作用。這時，羊群行為在區域經濟建設過程中，將具有積極的意義。

問題在於，領路的「頭羊」應該盡量有較全面的資訊和較為準確的方向。只有這樣，他才能對羊群效應加以因勢利導，產生良好的經濟效益。

日本著名將領豐臣秀吉和柴田勝家會戰的時候，柴田勝家的部將佐久間盛政趁著豐臣秀吉在大垣布陣，後防空虛的

時候,突襲豐臣秀吉的根據地,並且獲得大勝。豐臣秀吉在聽到這個情報後,立刻就帶領精銳騎兵連趕五十里路,半天之內回到自己的營寨。

那時,佐久間盛政正在清理戰果,根本沒料到豐臣秀吉能在半天之內就趕回來,一時手忙腳亂,來不及迎戰,於是反被豐臣秀吉突襲攻破,吃了敗仗。而豐臣秀吉又乘勝追擊,竟一鼓作氣攻破了柴田勝家的軍隊,取得了關鍵性的勝利。

像豐臣秀吉用兵的神速,在今天四通八達的電訊和交通網之下,是不足為奇的。但是在當時通信都要靠探馬和走路的時代,就顯得非常驚人了。

豐臣秀吉之所以能用兵神速,是因為他具備一定的機敏。而這其中包括的剛毅的決斷心和快速的行動力。也就是說,他臨事都憑著直覺,當機立斷,不因循拖延時日,以爭取到先機。

因此,尋找好的領頭羊是利用「羊群效應」的關鍵。

事實上,每個行業都有做得好的企業,它們能在激烈的競爭中站穩腳跟,並成為這個行業的佼佼者,一定累積了豐富的經驗,找到了一個很好的方向。可以說,向它們取經是一個很好的捷徑。

由此,可以看出,「羊群效應」如果使用得當,也可以變成我們手中的利器。

第四章　羊群效應：擴大管理的格局

大將領兵作戰，經營者帶領企業員工投入商場競爭，或我們普通人遇到混亂，情形都是一樣的，都必須有領頭羊的行動速度、速決的膽識，方能立於不敗之地。

做一匹特立獨行的狼

自己的未來終歸掌握在自己手裡。你願意去做一條「毛毛蟲」，一隻「待宰的羔羊」，還是做一匹特立獨行的狼？

答案很明顯，做一條「毛毛蟲」難免被餓死，做一隻「待宰的羔羊」難免會被狼吃掉。可悲的是，人們往往意識不到自己在不經意間已經加入了羊群。

因此，你必須時刻保持警惕，時刻保持自己的個性，時刻保持自己的創造性，自己掌握自己的未來。

一個沒有個性的人是可悲的，一個沒有個性的組織注定是短命的。我們再來看一個特立獨行的例子：

在創造財富史中，投資家華倫·巴菲特與眾不同。他白手起家，在 40 年內累積了 150 億美元的財富，是全美屈指可數的大富豪。他之所以成功，主要在於不尋常的職業選擇以及堅毅、理性和自律的性格。巴菲特說，投資成功並不需要過人的智商。

華倫是證券經紀人之子，從小就生財有道。一名友人說，巴菲特 5 歲就在奧馬哈老家前人行道上擺攤子向路過的人賣

口香糖。後來又從清靜的自家門前移師到行人較多的朋友家前面，售賣檸檬水。朋友說，他想的不只是賺零用錢，而是要致富，念小學的時候，他就宣布要在35歲之前成為富翁。

他曾在當地高爾夫球場上搜集可以賣二手的高爾夫球。朋友記得跟他一起到奧馬哈賽馬場，在地上找人家無意中隨手丟掉的中獎票根；他在祖父的雜貨店批購汽水，夏夜裡挨家逐戶地推銷。青少年時他送報紙，每天早上送近500份，每月收入175美元（許多全職員作的成人也不過賺這麼多），又原封不動地把每個月薪水存起來。他經常埋首苦讀《賺1000美元的1000種方法》(One Thousand Ways to Make)，這是他最喜愛的書。

他迷的是股票，他知道那時股票並不是很多人都感興趣的。他把股價製成圖表，觀察漲跌趨勢。他11歲首次買股票，買了3股每股38美元的「城市服務」優先股，漲到40美元時脫手，扣除手續費後，淨賺5美元──這是他首次在股市的收穫。他14歲時，用1,200美元積蓄買了內布拉斯加州16萬平方公尺農地，租給一名佃農。21歲時，巴菲特從各項投資中賺進了9,800美元；他日後賺進的每一塊錢，幾乎都源自這筆資金。

不久，巴菲特在賓州大學華盛頓學院就讀兩年，後來又轉到內布拉斯加大學，均成績優異。他一面攻讀商科和金融，一面不懈工作。後來他進入哥倫比亞大學商學研究院。得到著名教授班傑明・葛拉漢的啟迪，對投資之道就此開竅。葛拉漢首開風氣之先，以規律作為選擇股票的依據，不玩投機把戲。

第四章　羊群效應：擴大管理的格局

葛拉漢認為，若仔細研究公司發表的資料，分析它的收益、資產，相信成長率，就可以發現該公司市場股價之外的實際價值。訣竅是：在股價低於公司實際價值甚多時買進，並估計股價必會在市場裡調整到應有價格。用巴菲特自己的話是：「別人小心謹慎的時候，你要貪；別人貪的時候，你要謹慎。」

要想有獨立的創意，首先就要求我們不要人云亦云，跟在別人屁股後面是撿不到錢的，所以，一定要培養自己獨立思考的能力。

有創意的員工對於企業來說也是非常重要的。優秀的企業對於他們的創新鬥士都有一套周全的支援系統。在這個系統的支援下，創新鬥士的團隊才可以不斷地發展、興盛、壯大，從而使優秀的企業一直保持人才優勢和競爭優勢。

對於有創意的員工，獎勵制度怎麼加強都不過分，如果沒有這一制度或系統，員工的創造力和積極性就會受到打擊，對於企業來說這是最致命的危險。事實上，優秀的企業能夠不斷進步的祕密就在於創新意識。

因此，無論是加入一個企業還是自主創業，保持創新意識和獨立思考的能力都是至關重要的。

對於善於獨立思考而又能掌握領先要訣的人，他的前途一定是光明的。

第五章
籃球架原則：
拒絕不切實際的目標

籃球架的高度啟示我們，一個「跳一跳，搆得到」的目標最有吸引力，對於這樣的目標，人們才會以高度的熱情去追求。

第五章　籃球架原則：拒絕不切實際的目標

跳一跳，搆得到

留意過籃球架嗎？籃球架為什麼要做成現在這個高度，而不是像兩層樓那樣高，或者跟一個人差不多高？不難想像，對著兩層樓高的籃球架，幾乎誰也別想把球投進籃框，也就不會有人犯傻了；然而，跟一個人差不多高的籃球架，隨便誰不費多少力氣便能「百發百中」，大家也會覺得沒什麼意思。

正是由於現在這個跳一跳、搆得到的高度，才使得籃球成為一個世界性的體育項目，引得無數體育健兒奮爭不已，也讓許許多多的愛好者樂此不疲。

籃球架的高度啟示我們：一個「跳一跳，搆得到」的目標最有吸引力，對於這樣的目標，人們才會以高度的熱情去追求。因此，要想調動人的積極性，就應該設置有著這種「高度」的目標。

在巴夫洛夫臨終前，有人向他請教如何取得成功，他的回答是：「要熱誠而且慢慢來。」而這個「慢慢來」事實上包含著這樣兩層意思：一是力所能及；二是不斷提高。

也就是說，既要讓人有機會體驗到成功的欣慰，不至於望著高不可攀的「結果」而失望，又不要讓人毫不費力地輕易摘到「成果」。

「跳一跳，搆得到」，就是最好的目標。

「化城」的藝術

在佛教經典《法華經・化城喻品》中講了這樣一個故事：

很早很早的時候，有一位導師帶著一群人去遠方尋找珍寶。由於路途艱險，他們曉行夜宿，非常辛苦。當走到半途時，大家累的發慌，便七嘴八舌地議論開了：「我們走了這麼多路，腳痠腿軟，口乾舌燥，還不知珍寶在什麼地方。真的不知道要跑多麼長的路才能找到。」「我們還是回去吧，這樣下去怕是累死也找不到珍寶。」

導師見眾人大有半途而廢、放棄目標的打算，便暗使法術，在險道上幻化出一座城市，說：「大家看，前面不就是一做大城！過城不遠，就是寶藏所在地啦。」

眾人見眼前果然有座大城，便又重新鼓起勁頭，振奮精神，繼續前行。眾人到了城裡，感覺非常舒服，便又產生了不想再走的念頭。

導師見狀便收起法術，滅掉化城，大聲疾呼：「剛才的城市是我施展法術幻化出來，供大家暫時歇腳的。大家要繼續努力，找到珍寶。」

就這樣，在導師的苦心誘導下，眾人歷盡千辛萬苦，終於找到了珍寶，滿載而歸。

作為一個管理者，也應具有這種「化城」的藝術，給全體員工「化」出一個個看得見而且跳一跳，搆得到得目標，引導集體不斷前進。

第五章　籃球架原則：拒絕不切實際的目標

制定計畫時的「籃球架高度」

「籃球架」的高度即你欲實現的目標。

從最重要的目標開始，問問自己：「我應該採取怎樣的步驟來達到這個目標呢？」

想到什麼，就隨手寫下。等到列舉完畢，再重新檢查，依優先順序重新排列。從最簡單、最容易，而且能盡快完成的開始著手。當你循序漸進，完成每一件事時，就會愈來愈有信心往前繼續努力。

制定一個有效的行動計畫

- 影像化。想像自己已經達成目標，覺得滋味如何？生活有何變化？這個目標的達到，為你帶來什麼好處？現在，問問自己：要達到這個目標，我必須實行的步驟為何？你的答案就是行動計畫的重要內容。
- 找人談談。讓可以幫助你實現目標的人知道你的計畫。如果他們剛好也完成類似的目標，或許可以提出些有用的建議。
- 找出問題。日常那些瑣事甚至積壓已久的惡習或恐懼，你要怎麼處理它們？答案是──從最簡單的開始。

理查‧安德森指出:「對成功的恐懼,也可能成為你心中的障礙。」因此,你應該問問自己:

- 一旦我功成名就,是不是對某些人就失去吸引力了?
- 我的下屬如果犯錯,我是否會受到責備?
- 如果只是迎合父母或配偶的要求,而不是我自己想做的事,結果會怎麼樣?
- 如果我認為自己不適合扮演成功的角色,又該怎麼辦?

告訴你一個祕訣:用來醫治懼怕失敗症候群的技巧,也同樣適用於「懼怕成功症候群」。想像你可能所處的最糟狀況,列出所有你害怕的結果。例如:如果上司要你為別人的過錯負責時,你會有什麼反應?假使你能想出愈多的答案,就愈能抵禦失敗,恐懼也會因此減少。

為觸到籃球架的高度而跳躍

- 保持專注。不要貪圖一時的快意,而分心去做和行動計畫毫不相干的事。否則,你將會得不償失。
- 保持應變能力。保持應變能力與專心致志並不會互相衝突。當你離目標愈來愈近時,可能會發現它並不是你原先所希求的,而其他的東西才是你想要的。想想看你周圍多少人的工作和他們在學校裡學的專業完全相同?所以,了解自己非常重要。

- 願意嘗試改變。在你設定了最重要的目標,制定了完善的行動計畫,而且專心致志,朝著目標努力時,別忘了保持開放的胸襟,接受任何可能促使你重新審視目標的改變。變化可能是一種威脅,但是它往往也是機會之所在。
- 適時獎勵自己。在預定時間內努力工作固然重要,但也不要忽略工作的樂趣。在行動計畫中空出一段時間,讓你可以欣賞自己的努力成果,並獎勵自己的成就。畢竟,能愉快地工作該是促使你追求這些目標的原因之一。

保持你的熱忱

為了確保行動計畫的成功,你得保持高度興致。欲望是聯結行動與計畫的橋梁,推動行動計畫的動力,也是成功的重要關鍵。要保持高度興致的方法如下:

- 肯定自我。重溫過去的光榮成就,想想你是如何克服困難而完成它們的。以你的成就為榮,肯定自己絕對配得上努力追求的美好事物。
- 獲得報酬。如果努力能得到報酬,你會做得更起勁。這報酬不一定是金錢,也許是地位、他人的尊重、感激、完成工作時的滿足感、自尊心的提升,或是他人的讚美等等。沒有任何工作能提供所有你想要的報酬;只要能

有你最重視的幾樣報酬,就足夠了。接下來,你的任務就是努力付出,追求你想要的報酬。
- 在心中描繪美好結果。想像一下達到目標時的豐碩成果,想想美夢成真時的美好感受。時時回味這些栩栩如生的美好畫面,可以促使你早日達到願望。

鼓勵員工實現「我想,我做,我成功」

為了讓每一個員工都有事可做,公司必須將自己的總體目標細化,使每一個員工都有明確的工作目標,並以此作為對員工進行考核的標準。

目標的制定要特別考慮兩點:一是要考慮員工的興趣;二是要有一定的挑戰性。

只有每一個員工都有了自己明確的目標,他會感到自己在公司「是有用的人」,「是有前景的」,才願意在公司長期地做下去,這便是我們許多老總常掛在嘴上的「事業留人」。

讓員工了解公司的發展策略,使員工在企業發展過程中獲得成功。如果企業能夠透過為員工制定職業生涯規劃,使員工看到企業的發展前景,看到其自身在企業的希望,他便會全力以赴地投入工作。

對於許多主管而言,對於下屬員工的態度中總是含有一

絲的恐懼,「我的下屬這麼能幹,他會不會取代我的位置?不行,我要先採取行動,可不能讓他的業績太耀眼」。

這種想法對於企業的發展來講是極其危險的,遏制了員工個人潛力釋放的同時也造成了企業的發展停滯。如果你的上司是這樣的一個人,我想你也會選擇離開。

所以,在企業中衡量一個主管工作有效性的尺度之一就是其下屬業績如何,如果他們得到了很好發展,就會更容易接受組織的其他任務,自然會增加對企業的忠誠,他也必然會留下來。

創造「化城」給員工

事實上,許多管理者常常不懂得「化城」的藝術,他們只是非常拙劣的工作委派者。他們雖然也分配工作,但對工作的情況、員工的情況卻不完全了解。

他們常常把工作分配給不適當的員工去做,結果當然不會做好。等到浪費了很多時間以後,他們自己又捲起袖子親自去做。這樣一來,不僅浪費了時間和金錢,而且打擊了員工的積極性。

現代管理者的一個非常重要的職責就是要把工作委派給員工去做。怎樣才能做到有效的委派呢?籃球架原理啟示我們應接如下步驟進行「化城」工作:

選定需要委派員工去做的工作

認真觀察要做的每一項工作，確保自己理解這些工作都需要具體做些什麼、有些什麼特殊問題或複雜程度如何。在管理者自己沒有完全了解實際工作情況和工作的預期結果之前，不要輕易分派任務給員工。

當管理者對工作有了清楚的了解以後，還要使自己的員工也了解。管理者必須向接受處理這件工作的員工說明工作的性質和目標；要保證員工透過做這項工作獲得新的知識或經驗。

最後，工作任務下達以後，還要確定自己對工作的控制程度。如果一旦把工作任務下達下去，而管理者自己又無法控制和了解工作的進展情況，管理者便要親自處理這件工作，而不要再把這項任務交給員工來處理了。

切記不要把「燒番薯」式的工作分派下去。所謂「燒番薯」式的工作，是指那些處於最優先地位並需要管理者馬上親自處理的特殊工作。例如：你的上司非常感興趣和重視的某件具體工作就是「燒番薯」式的工作，這種工作必須你親自去做。

另外，非常需要保密的工作也不要委派給員工去做。如果某項工作涉及到只有管理者一個人才應該了解的特殊資訊，就不要委派給員工去做。

第五章 籃球架原則：拒絕不切實際的目標

選定能夠勝任工作的員工

建議管理者對員工進行完整的評價。管理者可以花幾天時間讓每個員工用書面形式寫出他們對自己職責的評論。要求每位員工誠實、坦率地說出他們喜歡做什麼工作，還能做些什麼新工作，然後，管理者可以召開一個會議，讓每個員工介紹自己的看法，並請其他人給予評論。要特別注意兩個員工互相交叉的一些工作。如果某位員工對另一位員工有意見，表示強烈的反對或提出尖銳的批評，管理者就應該花些時間與他們私下談談。

在這種評價過程中，管理者還需要掌握兩點：了解工作和員工完成工作的速度。管理者要透過這種形式掌握員工對他自己的工作究竟了解多少。

如果管理者發現有的員工對自己的工作了解很深，並且遠遠超出自己原來的預料，這些人就有擔負更為重要的工作任務的才能和智慧。

確定委派任務的時間、條件和方法

分派工作任務的最好時間是在下午。管理者要把分派工作任務作為一天裡的最後一件事來做。這樣，既有利於員工為明天的工作作準備，為如何完成明天的工作做具體安排。還有一個好處，就是員工可以帶著新任務回家睡覺，第二天

上班便可以集中精力處理工作。

面對面地分派工作任務是最好的一種委派方法。這樣下達工作指示便於回答員工提出的問題，獲得及時的資訊回饋，充分利用面部感情和動作等形式強調工作的重要性。對那些不重要的工作可以採用留言條的形式進行委派。如果要使員工被新的工作所促進和激勵，管理者就要相信在委派工作上花點時間是值得的。寫留言條委派工作，可能快並且容易做到，但它不會給員工留下深刻和重要的印象。

分派任務是一項藝術，如果可能，最好採取面對面地委派工作。

制定一個確切的計畫

有了確定的目標才能開始分派工作任務。誰負責這項工作？為什麼選這個員工做這項工作？完成這項工作要花多長時間？預期結果是什麼？完成工作需要的材料放在什麼地方？員工應該怎樣向管理者報告工作進展？委派工作之前，必須對這些問題有個明確的答案。管理者還要把計畫達到的目標寫出來，給員工一份，自己留一份備查。這樣做可以使雙方都了解工作的要求和特點，不留下錯誤理解工作要求的餘地。真正做到讓計畫指導有效分派工作任務的全過程。

第五章 籃球架原則：拒絕不切實際的目標

分派工作

給員工規定一個完成工作的期限，讓他清楚，除非在最壞的環境條件下才能推遲完成工作的期限。向員工講清楚，完成工作的期限是怎樣制定出來的，講清楚這個期限是合理的。

另外，還要制定一個報告工作的程式，告訴員工應該在什麼時間帶著工作方面的資訊向自己報告工作；同時，也要向他指出，自己要檢查的工作的期望結果是什麼，使員工進一步明確要求。

最後，要肯定地表示自己對員工的信任和對工作的興趣，像「這是一件重要工作，我相信你一定能做好，這樣的話，可以對員工發揮很大的激勵作用。

總之要記住，分派好工作，不僅能節約時間，還可以在員工中營造一種愉快的工作氣氛。

檢查員工的工作進展情況

一般地講，管理者既然把某項工作交給了員工，就要相信他能勝任這項工作。因此，每週檢查一次工作的進展情況也就足夠了。但要鼓勵員工在有問題時隨時來找自己，另外還要讓他們懂得自己不去問他們是為避免不必要的打擾。

評價工作進展的方法必須明確。要求員工向自己報告工

作是怎樣做的,還有多少工作沒有做完,讓他告訴自己工作中遇到的問題和他是怎樣解決這些問題的。

最後,管理者要用堅定的口氣向管理者指明,必須完成工作的期限和達到要求的行動方案,促使員工繼續努力工作。

員工與企業的共同成長

任何一個公司都有義務協助員工制定他未來的目標。

公司可以要求他把它們詳細地寫下來,制定一份切實可行的行動計畫。在行動計畫中主要包括,透過什麼樣的途徑來發展和提高與自己目標相關的知識和技能。發展和提高的技能和方法是多種多樣的,主要有自學、系統課程、短期培訓、職位輪換、終身教育等。

邁克曾經是一名普通的業務人員,負責推銷公司裡的產品。公司透過對其個人素養的測評,發現他有從事管理工作的潛能,於是督促邁克為自己設計了成為一名高級管理人員的職業目標。

然後,為了實現這個目標。邁克制定了詳細的行動計畫,學習各種管理知識,並在實際工作中留心累積經驗。他還在業餘時間拿到了大學學歷。他提出的業務流程與客戶管

理方式改善的建議被主管採納，他自己也成為企業部門的副理，後來又晉升為經理。他不斷拓展自己在其他領域的管理知識和技能，最後終於成為一名高級管理人員。

公司應針對每一種職業設計一套科學性工作方案。方案中要定出各員工的工作目標和希望的職位，描述本行業發展前景，所需要的人際環境、工作的具體程式，越具體可操作性越強越好。

當搆不到時，重新調整目標

蜘蛛猿是一種很有趣的動物，牠是生長在中南美洲、很難捕捉的一種小型動物。多年來人們想盡方法，用裝有鎮靜劑的槍去射擊，或用陷阱捕捉牠們，都無濟於事，因為牠們的動作實在太快了。後來，有人想出了——個辦法，在一個窄瓶口的透明玻璃瓶內放進一顆花生，然後等待蜘蛛猿走向玻璃瓶，伸手去拿花生。一旦牠拿到花生時，你就可以逮到牠了。

因為當時蜘蛛猿手握拳頭緊抓著那顆花生，所以牠的手抽不出玻璃瓶，而那個瓶子對牠來說又太大了，使牠無法拖著瓶子走。但牠十分頑固——或者是太笨了——始終不願意放下那顆已經到手的花生。就算你在牠身旁倒下一大堆花生或香蕉，牠也不願意放開手中那顆花生，所以，這時狩獵

者便可以輕而易舉地抓到牠。

有些時候，為了追求更適合自己的目標，你就必須先放下手中的「那顆花生」。這不是見異思遷，而是你願意改變一些習慣，使自己更有彈性願意在嘗試新的方法之前，先放棄一些現有的利益。

人生是個不斷探索的過程，失敗有時並不是由於你的能力、學識的不足，而是由於你錯誤地選擇了目標，而失敗正是給予了你一個重新思考從錯誤中解脫的良機。

美國著名的不動產經紀人安德魯最初是葡萄酒推銷員，這是他的第一份工作，他不知道還能幹什麼，於是他認為自己的目標就是「賣葡萄酒」。最初他為一個賣葡萄酒的朋友幫忙，接著為一名葡萄酒進口商工作，最後與另外兩個人合作辦起了自己的進口業務，這並非出自熱情，而是因為，正如他自己所說：「為什麼不？我過去一直在賣葡萄酒。」

生意越來越糟，可安德魯還是拚命抓住最後一根稻草，直到公司倒閉。他不改行，是因為他不知道還能做什麼。

事業的失敗迫使他去上一門教人們如何開業的課，他的同學有銀行家、藝術家、汽車修理工，他逐漸認識到這些人並不認為他是個「賣葡萄酒的」，而認為他是個「有才能的人」、「多功用」，他們對他的看法使他拋棄了原來的目標。

他開始猛醒，仔細分析，探索其他行業，思考自己到底想做什麼。最後，他選擇了和夫人一起開展不動產業務，使他取得了推銷葡萄酒永遠不能為他帶來的成功。

第五章 籃球架原則：拒絕不切實際的目標

　　生活往往借失敗之手，促使你進行這一次次的探索和調整。

　　管理籃球架原理告訴我們：

　　一個人一生中至少要經過兩三次的跳躍嘗試，才能最找到適合自己特長的事業，而確定自己合理的目標高度，則需要同樣長的一時間。

第六章
鰷魚效應：主管的領導力

鰷魚因個體弱小而常常群居，並以強健者為自然首領。將這隻稍強的鰷魚腦後控制行為的部分割除後，此魚便失去自制力，行動也發生紊亂，但其他鰷魚卻仍像從前一樣盲目追隨。

第六章　鰷魚效應：主管的領導力

霍斯特的發現

霍斯特是德國著名動物研究學家，在對鰷魚的觀察研究中驚奇地發現：鰷魚，一種生活在淡水中的，身體呈銀白色的魚種，常因個體弱小而群居，並以強健者為自然首領。而將這隻稍強的鰷魚腦後控制行為的部分割除後，此魚便失去自制力，行動也發生紊亂，但其他鰷魚卻仍然像從前一樣盲目追隨。後來人們將「霍斯特的發現」乾脆稱之為「鰷魚效應」。管理學者們由此效應又派生出了兩條重要管理論點：

■　下屬的悲劇總是主管一手造成的；
■　下屬覺得最無力的事，是他們跟著一位最差勁的主管。

「鰷魚效應」現已越來越受到管理界的重視，該效應將管理者自身所應具備的領導能力，所應完成的工作任務、所應形成的處世習慣等一系列管理問題，又進化到日程上來。

如何成為「鰷魚團隊」的領導者

「鰷魚」團隊成員似乎對領導者並沒有什麼要求，當然這只是以前的那些時期，何況，我們的工作團隊成員也絕非真正意義上的「鰷魚」，每個人還是有自己的個性與主張的。

反過來，領導者對「鰷魚」們有多少要求呢？答案很簡

單：數不勝數。

領導者希望他的「鰷魚成員」順從，忠誠，唯命是從，盡職盡責，工作賣力，尊重上司等等。如果被問及「鰷魚成員」應該得到什麼作為回報時，他可能會說：「他們應該慶幸自己有碗飯吃。如果他們工作賣力並且不惹麻煩的話，他們自然會得到報償。」

事實上，想成為一位受鰷魚成員愛戴的領導者，首先你應該透過尊重和信任員工來打一個堅實的基礎。這就意味著你必須花時間去了解你的每一位鰷魚成員，了解他們在工作中的能力和態度。

另外重要的一點是靈活，做到這一點將有助於你成為一位卓有成效的領導者。那種有著僵化的組織機構、僵化的管理條規、死板的著裝規定和各種教條要求的時代一去不復返了。

有些領導者可能認為這些變化使他們在管理時綁手綁腳，其實，正如你將看到的，這些變化能把你和鰷魚成員的手拉到一起來，讓他們在工作中發揮最大潛能。

在你建立個人管理風格的過程中，要注意以下幾個方面：建立順暢的溝通與回饋機制，在管理中讓鰷魚成員感到樂趣，並保持工作各方面的平衡。

這樣，你將更深刻地理解這些方面，並發現鰷魚成員將會融入你的管理模式，甚至願意為你賣命，同時你也會因此而獲得滿足與成就。

迎接新成員的策略

仍有些老闆採用「聽之任之」的政策,把鯰魚成員招進來後便不再理會。他們認為適應能力強的鯰魚成員會很快適應,而不適應的自然會被淘汰。

儘管這樣對待新鯰魚成員的做法聽起來很酷,但實際上這樣做只會給新老鯰魚成員和公司帶來問題。

讓新鯰魚成員平穩、順利地進入工作環境的最好辦法是進行入職培訓。這可不是在人力資源部的辦公室裡花一個早晨填寫保險單就行了,你應該有一套全面的計畫來幫助鯰魚成員更徹底地了解工作。而且你不僅要讓新鯰魚成員對工作的責任、權利和標準有個正確的理解,還要讓他們對部門、人員和整個公司,公司的價值觀、文化氛圍、匯報流程和主要規章程式有所認識。

每一位新鯰魚成員的到來都需要公司投入大量的時間、精力和資金。假如只把新鯰魚成員領進門來,接下來一切都交給自己,這對所有鯰魚成員都是不公平的。新鯰魚成員應該得到一切能讓他盡快適應工作的機會,為此,首領需要考慮他們的入職培訓問題。

新鮮魚成員到來之前

許多首領以為培訓始於新鮮魚成員到達工作職位的那一刻。但實際上,在這之前為了保證培訓的成功和工作轉接順利,公司就已經開始了一系列的準備工作。

基礎工作

一旦你決定僱用一位鮮魚成員,就一定要在他正式上班之前與其保持密切聯繫,可以透過發電子郵件、信件、宣傳冊和檔等方式進行聯繫。就職之前的這種密切交流,可以幫助鮮魚成員減輕焦慮感,為他解答問題,提供重要資訊,形成良好的期望,從而使新鮮魚成員順利入職、接受培訓和完成工作交接。

在鮮魚成員第一天上班前,一定要給他提供一些基本的指導來適應環境。這包括上班的具體時間、停車地點、路線、向誰詢問、首領的辦公地點,以及任何有關公司的基本資訊,例如公司的著裝要求等等。

後勤工作

在新鮮魚成員到來之前,你要確認他的辦公區是否已準備妥當。根據工作需要,辦公區域應該收拾乾淨,確保沒有留下剛剛離職的鮮魚成員的任何物品,同時還應配備必須的辦公用品和器材。

第六章　鯰魚效應：主管的領導力

如果需要，還應配備電腦、電話，告知其電子郵件的帳號、密碼和路徑，以及為他的工作提供其他基本支援。

新鯰魚成員的第一天

在新鯰魚成員上班的第一天，公司通常進行以下一些步驟：

向老鯰魚成員介紹新人，向新鯰魚成員深入解釋工作的內容以及這項工作在公司整體目標中的地位，向他介紹一些文件的處理 SOP，以及帶他到工作區參觀，並在休息室、茶水室、儲藏室、收發室和公司裡其他重要的地方稍做停留。

儘管這些步驟都很重要，但卻少了一種讓員工感到溫馨、受歡迎並能堅定其選擇的特殊感覺。因此，除了一些新鯰魚成員上班第一天必須進行的活動之外，這一天更應該有一個歡迎儀式，盡量讓整個部門的人出來迎接新員工。

你還應該買些食物，比如餅乾、甜甜圈或是一個蛋糕，用來舉行簡單的儀式，最好也邀請高層主管出席。

隨後，新鯰魚成員應該見見他的導師，了解入職培訓的具體內容。這樣既可以減少新員工對培訓的神祕感，也可以減少他的焦慮感。

一個值得推薦的做法是：在上班第一天，讓新鯰魚成員和老鯰魚成員一起用餐。而且你的鯰魚成員應該在剛開始的

幾個星期堅持這種做法。

此外，新鯡魚成員上班的第一天最重要的是要交給他一項任務。這並不是說給他一個低級工作弄得他手忙腳亂，而是應選擇一個有挑戰性但可以應付的工作，從中可以看出他的技巧、能力和優勢，而且能讓你馬上確認僱用這個人是不是個正確的選擇。而完成這個任務帶來的滿足感也會幫助新鯡魚成員在上班第一天建立起自信，很快擺脫生疏感，更快地進人工作狀態。

成功領袖的做事習慣

習慣決定性格，性格決定命運。

成功和不成功者之間最大的差別就在於成功的人有良好的做事習慣，而這種習慣也是逐漸形成的。

拿破崙是一名出色的將軍，他的「不想當將軍的士兵不是好士兵」的名言更為大家所熟知。

拿破崙年輕的時候長得很瘦小，在他11歲讀軍校的時候，拿破崙和一個學長起了衝突，學長欺負他瘦小，把他打了一頓。下課的時候拿破崙又去找這個學長，結果第二次被打了。又一次下課，他又去找那個學長，這時的拿破崙兩隻眼睛都黑了，嘴角還帶點血。見到學長，他一下子衝上去，準備打第三架。學長說：「等等，你今天到底打算怎麼樣？」

第六章　鯰魚效應：主管的領導力

拿破崙只講了一句話：「除非你今天向我道歉，否則我準備打到死。」學長被他這種精神折服，最終向他道了歉。

功過暫且不論，正是憑藉這種百折不撓的精神，拿破崙由一個中衛，成長為一個將軍，最終當上法國皇帝。

人與人最大的差別就是思想和習慣上的差別。一個人從小就養成良好的習慣，必將幫助他取得未來的成功。沒有養成良好的習慣，即使再讀什麼偉人傳記也於事無補。很多領導者習慣說：「不要告訴我過程，我只要結果。」下屬沒有必要的思想培養過程，如何產生令主管滿意的結果呢？

經理如果只想控制員工的工作成果而不試圖去影響他們的思想，便造成了管理上的一項錯誤。每個人的工作習慣不同，他們的行動也會不一樣，所以，經理只有了解人性因素，並且能夠對職員的心理瞭若指掌，生產力才會逐漸地得到提高。

從道德角度的認知層次上，思想代表一系列的美德與醜惡。美德能促使我們充分發揮自身的好習慣。人生的理想目標就是弘揚這些美德，克服醜惡。

思想的形成可以讓每個人得到發展並充分發揮其所獨有的潛能。如果良善的個性是每個人個性中最重要的組成部分，那麼它更有理由成為領導者的必備品性了。

部下期盼的有思想領袖

有許多人雖具有思想，卻不是自己形成的，而是來自模仿，這種思想就容易發生動搖。上司的思想一旦漂浮不定，部下也會隨之動搖，而無法安定工作。

具有指導思想後，管理者就應決定工作目標、制定工作方針與計畫，然後堅決貫徹到底。有些主管人員假借「具有彈性」的美名，隨意改變方針，朝令夕改，做事毫無準則可循，如此定會影響軍心。

但從上級人員的立場來說，卻往往因上下人員發生分歧而無法完成，這也是因為思想動搖造成的。正確的做法是：只要管理者確認意見準確，無論遭遇到任何反對，都要堅持貫徹到底的思想。

有思想就是對工作須有自己的看法，無論你遭遇到什麼挫折，都要以耐心、不服輸的態度去克服它，下屬對你才會有所信服。所謂有思想即「有了決心，進而克服萬物」，也就是要相信自己，如此一來，所有的人也都會信服你。

貫徹思想並不是冒失的行動。貫徹思想要有彈性，要有判斷力，要進行全盤的考慮，目的明確後一定要付諸行動，絕不能躲避艱難困苦之事。

第六章　鯰魚效應：主管的領導力

貫徹思想不可以模仿別人的領導技術，而要經過自己明智的判斷來採取行動。員工只有在遇到這種上司時才會覺得工作有價值。

高速行駛下的謹慎決策

高速行駛的車輛如果緊急煞車是會翻車的，改革同樣如此。

一個園丁在冬天時買了一棟房子，房子周圍有一個很大的園子，裡面雜草叢生。鄰居就問：你怎麼不把雜草除去呢？園丁回答說，過了冬天再說吧。很快春天到了，花園裡開出了很多美麗的花朵。於是園丁把雜草除去，把花留了下來，荒蕪的園子變成了美麗的花園。

管理也是這個道理，世界上沒有能夠放之四海而皆準的理論。任何理念、制度都必須適合企業的實際情況，不能形而上學，不能用頭腦裡固有的經驗來處理新環境下的事物。

作為一個團隊的管理者，當他到一個企業任職時，前三個月不應是去大刀闊斧思考，等時機成熟後再快刀斬亂麻。如果上任就點三把火，很有可能沒燒到別人，卻把自己燒得體無完膚。團隊管理者應給員工一個自由生長的機會，如果能長得筆直的樹，這個員工自然是可造之才；如果長成一棵歪七扭八的樹，再對該員工採取措施也不遲。經理人必須對業務鑽研清楚，對每個員工的能力和品行做到胸中有數了，

再果斷調整組織，痛下殺手。

「用兵之道，以計為首」，企業的經營管理之道也要以企業的經營發展策略管理為先。

中國古代常說計謀，所謂謀，就是謀大局、謀大事、謀大勢，即制定策略；所謂計，就是在各個不同的階段運用好適應市場的一些戰術、一些策略，完成一系列策劃，並形成一系列組合，來推動某一個問題的解決。

計謀之間是一個有機的結合體，有謀無計是空談，是空想主義；有計無謀，那是魯莽的行為，必將左右搖擺，不可能實現理想和目標。

讓員工全感官體驗願景

要使員工工作積極賣力，最好讓他們對自己的部門、機構或是組織正在做什麼，目標如何等情況了然於心。事實上，他們也應該對這些情況很清楚。就是說，你若想成為一位受員工愛戴的首領，就要對整個團隊的願景有足夠清晰的概括，以便你的員工掌握。

用具體的語言描繪願景

你描繪的團隊願景應該是鼓舞人心、有發展潛力、前景遠大的。關鍵是當你向你的團隊描述這個願景時，不能採用

第六章　鯰魚效應：主管的領導力

泛泛之詞，諸如「我們的目標就是成為一個非常優秀的團隊」或是「我們一定要戰勝對手」。

你應該使用具體的語言，比如說：「我們將會比感恩節剛過的打折特賣場還忙碌，我們的團隊會像上了潤滑油的機器那樣運轉良好，我們的工作空間會十分開闊，沒有障礙，我們可以對需求做出迅速的應急反應，無論對內部需求還是市場需求，我們也能很快地滿足股東的要求。」

根據高層要求來規劃

你的願景設想源自很多方面。其中一部分來自高層向你談及的想法、要求或是目標。這可能是你的直接上司——假如你有的話，也可能是你接觸的一個重要人物，比如說你的客戶、同行，或是某公司的高層人員。你規劃的部門願景不僅要與整個公司的願景一致，還要有利於公司大願景的實現。

顯然，你的部門願景主要由你來規劃。作為領導者，你應該清楚你的部門將發展成什麼樣。同時，你還要認真考慮高層的要求，結合部門實際情況，如資源、預算和目標等因素進行規劃。

這些應該成為你每天想到的第一件事，並且作為老闆，你所有的工作重心都要集中於如何改進這個願景，並努力實現它。

根據員工期望來規劃

同時，你的願景規劃還要考慮到員工的意見和想法。假使只是一味向他們灌輸你的願景而不給他們機會發表意見或進行討論，他們很可能不願接受甚至反對你的規劃。但是如果他們感到你的願景也反映了自己對部門的一些想法，並將親自實現它的話，他們會積極地把它作為自己的工作目標並加以實現。

在當今的公司裡，如果願景只是被刻在石頭上常年擺在那裡，不但不會激勵員工不斷為之奮鬥，反而會阻礙部門的發展。正如一個人需要根據環境變化調整自己的目標一樣，你對部門或公司的規劃也要隨機應變。

你的員工更可能會洞察到環境中的一些變化，結合他們的想法，你將會規劃出適合整個團隊的願景。如果你的員工協助你規劃出了願景，他們將會有更強的歸屬感和主動性並加倍努力地實現它。

充分發揮感官作用

在為你的部門或是公司規劃願景時，不要僅注意你看到的，你應該動用所有的感官。

比如：當你展望未來時，你部門的情況聽起來如何？它是否喧囂嘈雜，成了縱容各種各樣活動的溫床？還是人們像

第六章　鯰魚效應：主管的領導力

螞蟻一樣安安靜靜地忙著工作？盡量動用你的生理感覺，包括嗅覺和味覺。

你和你的員工們越全面地看到、聽到、嘗到、感覺到、聞到你的願景，你們就越能容易準確地掌控自己的行為，實現願景。

黏合劑

你和員工共同奮鬥的願景還必須具有令大家團結一致的功效。如果你的員工認識到他們有一個共同的奮鬥目標，大家就會步伐一致地向這個目標邁進。由於他們對這個願景討論得很多，就會形成自己關於它的一套專用詞語，而這些專用詞語和共同的經歷會把大家更緊密地團結到一起。

而且，一旦目標一致，大家就會分享更多的東西，比如資源、意見等等，並互相支持。有了共同目標，員工們會更加齊心協力地追求一個互利互惠的結果。同時，他們之間的交流、合作與相互協調都將變得容易起來。

有人「違規操作」時

許多管理者都會遇到這樣的問題：有的員工並不按規劃好的願景來做。管理者的本能反應就是將其踢出局。這的確是一個選擇，但是在這麼做之前你應該先考慮一下其他的方案。

如果你在規劃願景之前曾開會徵求大家的意見，就表示你非常重視員工的個性和創造性，那麼反對員工的個性化和有創造性的表現就有悖於願景規劃的初衷。

許多員工很容易沉浸在他們對自己部門的願景之中，認為那些不同意這個願景的人就是不忠或是愚蠢的，是在搗亂。這實際上是狹隘的，也是極其有害的觀點。

事實上，那些喜歡獨立思考並提出不同意見的人可能只是為了這個集體更好地發展，而這樣往往會極大地改進願景規劃。

所以當有員工對願景表示反對時，應該讓他說出自己的看法。這樣，你可以很快判斷出他是真的想提出改進意見還是在搗亂。

第六章 鯰魚效應：主管的領導力

第七章
保齡球效應：多多肯定下屬

希望得到他人的肯定、讚賞，是每一個人的正常心理需求；面對指責時，不自覺的為自己辯護，也是正常的心理防衛機制。

第七章　保齡球效應：多多肯定下屬

暗示的作用

兩名保齡球教練分別訓練各自的隊員。

他們的隊員都是一球打倒了 7 隻瓶。教練甲對自己的隊員說：「很好！打到了 7 隻。」他的隊員聽了教練的讚揚很受鼓舞，心裡想，下次一定再加把勁，把剩下的 3 隻也打倒。

教練乙則對他的隊員說：「怎麼搞的！還有 3 隻沒打倒。」隊員聽了教練的指責，心裡很不服氣，暗想，你怎麼就看不見我已經打倒的那 7 隻。

結果，教練甲訓練的隊員成績不斷上升，教練乙則訓練的隊員打得一次不如一次。

這個故事有人會說是杜撰的，但它告訴我們，讚賞和批評其收效有多麼大的差異。而這個奇妙的反差，也告訴了我們這樣一個道理：

希望得到他人的肯定、讚賞，是每一個人的正常心理需求；面對指責時，不自覺的為自己辯護，也是正常的心理防衛機制。這就是著名的保齡球效應。

暴怒的獅子難以率領群羊

我們都不止一次聽到過這樣一個笑話。

一位家庭主婦為客人端上白飯，客人稱讚說：「這飯真香！」主婦興奮的告訴客人：「是我做的。」客人吃了一口，又問：「怎麼糊了？」主婦的臉色驟變，趕緊解釋道：「是孩子他奶奶燒的火。」客人又吃了一口：「還有砂子！」主婦又答：「是孩子他姑姑洗的米。」

至此，人的劣根性顯露出來啦。對於讚賞，她是那麼爽快的接受了下來；對於指責，她就千方百計的推託。也許您會說這位主婦特別的喜好居功而又善於委過於人，沒有普遍意義。但您只要真誠的問一問自己，難道你就喜好受到指責而討厭得到讚賞？

一個成功的管理者，會努力去滿足下屬的這種心理需求，對下屬親切，鼓勵部下發揮創造精神，幫助部下解決困難。

相反，專愛挑下屬的怒的獅子領著一群綿羊，又能創造出什麼事業呢？

有個財務科長，一天他與幾個同事到市中心辦點事，在一家餐廳吃午飯。餐桌上的烤羊腿特別合他的口味，吃光了肉他又拿起骨頭來啃。這時恰恰被這家餐廳的廚師看見，問他：「怎麼啃起骨頭來了？」這個科長回答：「師傅您燒的羊

第七章　保齡球效應：多多肯定下屬

腿實在是太好吃啦，我實在是沒吃夠，捨不得把骨頭就這樣扔啦。」廚師聽了這話，頓時心花怒放，當即走廚房，端來一個新的烤羊腿——算是他請客。

這位廚師是不是有點個神經兮兮的，聽到一句好話就這樣激動不已。不，一點也不奇怪。讚賞烤羊腿就是讚賞他的手藝，讚賞他的手藝就是肯定他的價值。還有什麼能夠比得上肯定他的價值更能讓他高興的呢？

也許，他得到讚賞的渴望已經很久沒有得到滿足了，畢竟世界上多的是善於抱怨得顧客，以至於他對一點點讚賞的反應就超乎尋常的強烈。

您的下屬也有著如此強烈的渴望，因為他們也好久沒得到讚賞了。

面對這樣的「渴望」，您該怎樣做呢？戴爾‧卡內基的《人性的弱點》中有這樣一段話：美國鋼鐵大王安德魯‧卡內基選拔的第一任總裁查爾斯‧史考伯說，「我認為，我那能夠鼓舞員工努力起來的能力，是我所擁有的最大資產。而使一個人發揮最大能力的方法，是讚賞和鼓勵。」「再也沒有比上司的批評更能抹殺一個人的雄心。……我贊成鼓勵別人工作。因此我急於稱讚，而討厭挑錯。如果我喜歡什麼的話，就是我誠於嘉許，寬於稱道。」

這就是史考伯做法。但一般人怎麼做呢？正好相反。如果他不喜歡什麼事，他就一心挑錯；如果他喜歡的話，他就

是什麼也不說。他的員工會說：「一次我做錯了，馬上就能聽到指責的聲音，第二次我做對了，絕對聽不到誇獎。」史考伯說：「我在世界各地見到許多大人物，還沒有發現任何人——不論他多麼偉大，地位多麼崇高——不是在被讚許的情況下，比在被批評的情況下工作成績更佳、更賣力的。」

史考伯的信條和安德魯‧卡內基如出一轍。卡內基甚至在他的墓碑上也不忘稱讚他的下屬，他為自己撰寫的碑文是：「這裡躺著的是一個知道怎樣跟他那些比他更聰明的屬下相處的。」

拍員工的「馬屁」

心理學家研究證明，積極鼓勵和消極激勵（主要指制裁）之間具有不對稱性。受過處罰的人不會簡單減少做壞事的心思，充其量，不過是學會了如何逃避處罰而已。

我們常常聽到這樣的議論：「工作越多錯誤越多。」潛臺詞就是：為了避免錯誤，最好的辦法是「避免」工作。這就是批評、處罰等「消極鼓勵」的後果。而「積極鼓勵」則是一項開發寶藏的工作。受到積極鼓勵的行為會逐漸占去越來越多的時間和精力，這會導致一種自然的演變過程，員工身上的一個優點會放大成為耀眼的光輝，同時還會「擠掉」不良行為。

第七章　保齡球效應：多多肯定下屬

　　這就要求管理者經常並且及時去拍員工的「馬屁」。

　　管理者「拍馬」要「拍得」有分寸，不離譜，恰到好處，不能給員工肉麻的感覺。可以從日常細節下手，員工穿了一件新衣服，你第一次遇上他，可以擺出一副欣賞神色，興高采烈地讚揚：

　　「這件汗衫很適合你啊！」

　　「噢，穿得叫人眼前一亮哩！」

　　「嗯，今天打扮得這樣漂亮，有喜事呀？」

　　「你真有眼光，這衣服太棒了！」

　　有人穿了新鞋、燙了頭髮，甚至背了個新包包，管理者也可以套用以上的讚美詞。不過要記住，必須在第一次見面時就說，否則就流於虛假和公式化。

　　除了打扮，請多注意員工的工作表現。某個員工剛好成功地完成了某項任務，或者順利出差回來，別忘了恭賀他們，說：

　　「你真行，難怪總裁器重你！」

　　「你的幹勁實在值得我們好好學習！」

　　「旗開得勝，看來下一個任務又是你的囊中物了！」

　　這些說法並非是做人虛偽，這是一門藝術，如果管理者能夠多留意別人的長處，學會欣賞別人，對企業管理一定有很多的好處。

一般人總愛聽讚美話，聰明的企業管理者應該大方一點，不要吝嗇自己對員工的幾句讚美的話，「這個意見非常好，就照你說的做吧！」「真有你的，你向我提供了一個好辦法！」這樣，下一次員工便會更努力地去工作，為企業創造更大的價值。

給員工喝真正的純酒

有人也許會說，這沒有什麼好講的，無非就是說好話、恭維人。不是的，讚賞和恭維有本質的區別，一個是真誠的，一個是不真誠的；一個出自內心，一個出自牙縫；一個令人激賞，一個讓人肉麻。

所以說，讚賞是摻不得假的。

有這樣一則笑話：

一個老酒鬼，喝了大半輩子酒，唯一的遺憾就是沒喝過不摻水的酒。一天，見到一個酒坊，門前掛一橫匾，上面寫著：百年老店，絕不摻水。酒鬼急忙進店，買了一大碗。略一品嘗，便皺起眉頭。夥計一見，趕緊賠笑臉，伸手抓碗說：「客官甭介意，我這就給您再摻上一點。」酒鬼大怒：「還摻什麼勁？不摻就已經快沒有酒味了。」夥計笑道：「客官您誤會了，咱是老字號，酒裡絕不摻水，只往水裡摻酒⋯⋯」

酒裡摻水本來就糊弄不了人，水裡摻酒就更不會有人買你的帳。學會讚賞，就是要給你的下屬喝真正的純酒，不然，只需略一品嘗，就會讓人皺起眉頭來的。給他喝真正的純酒，儘管它的量可能很小，但是只要它很純，就能真正激勵你的下屬繼續努力工作。

這個「純」字，包含著及時，真誠的意義，而你可能就是那個拿捏其分寸的管理者。

讚美如分蛋糕般公平

管理者讚美員工，實際上是把獎賞給予員工，就像分蛋糕一樣，必須做到公平、公正。

有些管理者不能擺脫自私和偏見的束縛，對自己喜歡的員工經常極力表揚，而對於自己不喜歡的員工即使有了成績也看不到，甚至把集體參與的事情歸於自己或某個員工，常常引起員工的不滿，從而激化了內部矛盾。這樣的管理者不僅不總結經驗，反而以「一人難稱百人意」為自己辯解開脫，實在是一個失敗的管理者。

要做到公正地讚美自己的員工，管理者必須妥善處理好下面幾種情況。

稱讚有缺點的員工一定要公正

有些員工缺點明顯，比如工作能力差、與同事不和、頂撞上司等等，這些缺點一般都被管理者所厭惡。其實，有缺點的人更希望得到讚揚。稱讚是一種力量，它可以促進員工彌補不足、改正錯誤。管理者的冷淡和忽視則使這些人失去了動力和力量，不利於問題的解決。一般人常常這樣認為，受到上司稱讚的人應該是沒有很多缺點的人，受到讚揚就應該努力把自己的缺點改掉，這樣才能與上司的稱讚相符，同事看了也提不出意見。

稱讚比自己強的員工一定要公正

天外有天，許多企業裡也不乏「功高震主」的員工，一些員工在某些方面也超過了管理者，從而使管理者處於一種不利的局面。小肚雞腸的人往往容不下這些強己之人，對這些人不敢表揚，為了一己私利反而喪失了公正。

對自己喜歡的員工，稱讚時要拿捏好分寸

管理者與員工交朋友很常見，每個管理者都有幾個比較得意的員工，不僅工作合作愉快，而且志趣相投。稱讚這樣的員工要不偏不倚，掌握好分寸，表揚不能過分和過多，也不要不表揚。

表揚過分和過多，一有成績就表揚，心情一高興就誇獎幾句，喜愛之情溢於言表，很容易引起其他員工的不滿。與其說是愛護自己喜歡的員工，倒不如說是害了他。有些上司怕別人看出與某個員工關係密切，因而不敢表揚，這也是錯誤的做法。

鼓勵隊員推倒剩餘的三顆球

你在管理中工作中，是在承擔或者說扮演著一名教練角色，如何鼓勵你的隊員打倒所剩的 3 顆球，就成為你的工作任務。

事實上，只要你能平等對待每一個隊員，真正尊重他們，並且身體力行，他們就一定會打倒所剩的 3 顆球。現在，你要做的是：

用建議的口氣下達命令

很少有人喜歡被別人呼來喚去的。當管理者用命令的口氣來指揮員工做事時，就等於是在向員工傳遞三條資訊：

- 第一，這個員工很笨；
- 第二，他對工作團隊來說並不重要；
- 第三，他不如你。

作為管理者，要深深地認識到在企業中每個人都是重要的，儘管在工作業績上有差異，但那些只是暫時的。

當管理者想讓員工按某種要求去做事情的時候，可以考慮這樣對員工說：「你認為這樣做行嗎？」「可以用這種方法做嗎？」這樣的建議性指令方式，將會使員工有一種身居某個重要位置的感覺，因此而對某些問題產生足夠的重視。反之，如果擺出一副上司的架子，「你必須這樣做，沒得商量。」只會打消員工的積極性。

讓員工留住面子

人要臉，樹要皮。這是一句老話，非常抽象，誰都不願臉上無光，不願意丟面子。美國奇異公司曾經在關於罷免其電腦部門主管的問題上陷入了困境：

這位主管是電氣方面的行家，但是對於管理工作卻不是內行，在電腦部門管理工作中處理不好員工與他之間的關係。公司若下令解除他的職務，對公司來說不但是個很大的損失，而且會在公司裡引起各種輿論。最終公司以表彰他在電氣方面的卓越貢獻為名，為他新添了電氣顧問工程師的頭銜。主管之職他自然欣喜地讓出，結果皆大歡喜，該主管在新的工作職位上做出了非常出色的成績。為通用電氣公司解決了不少技術難題。

第七章　保齡球效應：多多肯定下屬

可見，讓員工保住面子，這點非常重要。而在實際工作中，人們往往由於不冷靜，考慮問題不周全，衝動之下採用了某種處理方法，無情地剝掉了別人的面子，傷害了別人的自尊，抹殺了別人的感情，而自己卻不自知，認為事情處理得很好。

平靜寬容地待人，給員工在企業中立事做人的面子，他們一定會更加積極努力的工作的。

給員工一個臺階

人的進步是無數次教訓的累積，人其實是很脆弱的，打擊太多，很容易讓人失去信心。

一次失敗的經歷，往往會使那些意志薄弱者喪失振作起來的信心與勇氣，他們會這樣想「我是一個失敗者」、「我什麼事都做不好」。對於一件稍具挑戰性的工作，一種莫名的潛意識會提醒他們：過去有過這樣的痛苦經歷，現在會不一樣嗎？你最好小心再小心，做最壞的打算。

一旦員工被這種消極的信念一再糾纏，那他以後也注定是個失敗者。最好的辦法就是讓那些意志弱的員工在學會堅強的同時，為他們的失敗實施「軟著陸」，幫他們找一個臺階、找一個藉口，讓他們覺得自己尚未失敗，只是在某方面受了挫折而已，小小的不成功算不上什麼，以後自己會成功的。

在一次提案的初審會上，亨利興致勃勃地帶來了自己的產品促銷計畫，他的計畫構思非常新穎，但預算成本太高，而且有些活動的開展又不太符合實際。

在他對其報告做了精采的陳述之後，他的上司以及同事們馬上發覺了提案的不可行性，大家紛紛提出置疑，亨利一時間也因為自己對問題考慮的不全面而羞愧萬分。

主管計畫實施的經理馬上意識到了問題的嚴重性，立刻及時插話，結束了大家的討論，將所有員工的注意力集中到自己身上。他對亨利計畫的可行性的部分給予了充分的肯定，並親自讓祕書複製了兩份備用。然後他又鼓勵高利繼續考慮這項計畫，把工作做完，建議亨利把同事們提出來的意見補充到他的提案中，同時經理還表示希望下次會上能夠得到一份完整的促銷計畫。

這位上司的高明之處就在於不失時機地為員工提供了下臺階的機會。然後，用鼓勵性的語言使問題本來失敗的一面變成了趨向成功的一面。

期待一次全倒的團隊表現

有這樣一則傳說，它告訴了人們展望式的預言，或者說是期待所產生的神奇力量：

在法國，有一位膽小怕事的中年人，他性格上的懦弱使他缺乏自信，始終一無所有。一次他拜訪了一位吉普賽術

第七章　保齡球效應：多多肯定下屬

士,請他占卜未來。這位吉普賽人告訴他,他的前世是大名鼎鼎的拿破崙,他的靈魂深處繼承了拿破崙所有的生命精華,他的未來將會精采紛呈。

這位法國人聽後大受啟發,他決心不荒廢自己內具的寶貴「遺產」。他學習了拿破崙的所有韜略與策略,並把這些知識用於生意場上,結果大獲全勝,成了一名富商。

對員工來說,管理者是組織中具有權威的人物,上司對他們的期待或預言,有著與吉普賽人相同的魔力。上司的期望會在員工的心理上產生預期的支配,從而作用於他們的行為。這種心理投資會讓員工迅速意識到過去的一切已經控制在自己手中,接下來只要付諸實踐就可以了。這對員工自信心的產生創造了心理上的優勢。

在一家房地產公司,負責出售商品房的主管對自己的員工說:「從你的售房紀錄來分析,到今年年底,你就能夠將所有房產銷售一空了,看來你在售樓方面很有一套啊,將來公司會在開發區開辦分公司,你應該是新任主管的最佳人選了,好好幹吧!」

儘管在說話之時,房地產市場已經出現了下滑的趨勢,市場資訊極不穩定,但他的員工聽到主管的分析及未來自己的發展前途,就好比吃下了一顆定心丸,信心倍增,從而激勵著自己去努力實現這個計畫。

可見上司的期望對員工的影響很大,上司的期待意味著

該員工受到了管理者的重視,讓員工認識到了自己在上司心目中的地位,員工有了一種被肯定的感覺,他們工作起來會更加努力。

你要成為教練甲,讓你的隊員意識到你對他們的期待,就是再努一把力,將剩下的 3 顆球同時打倒。

當然,工作是永遠的,並不是一局 10 顆球那麼簡單,但是你必須懂得保齡效應的真正意義所在,這樣才能率領你的團隊成員一次次擊倒工作中出現的那些「保齡球」,激勵他們不斷的為出現更好的成績而努力一擊。

第七章　保齡球效應：多多肯定下屬

第八章
卡貝定律：為了更長久的發展

放棄有時比爭取更有意義，放棄是創新的鑰匙。

第八章 卡貝定律：為了更長久的發展

壁虎與海星的求生智慧

人人都知道壁虎吧，它在遇到外敵攻擊時，會「主動」幫助敵人將尾巴脫落下來。由於脫落的那段尾巴還能短時間內自行跳動，因此壁虎就趁外敵注意力分散之時，迅速逃跑求生。過一段時間，那段掉的尾巴會重新生長出來。

還有一種動物，叫海星，是棘皮動物門的一綱。牠的身體有5隻對稱的腕。牠以腕代足，行走自如。當某一腕遭受攻擊或受到阻礙時，海星會自動斷腕逃生。

當然，與壁虎脫落的尾巴一樣，用不了多少時間，失去的腕會重新生長出來。

這對於壁虎和海星那樣的動物來說，是求生的本能使然，但對我們人類來說，卻是一種智慧。

美國AT&T公司前總裁卡貝說得好：「放棄有時比爭取更有意義，放棄是創新的鑰匙。」

卡貝認為，人們往往把目光盯在自己無用的東西上，拚命去爭取。不如坐下來，看一看自己的身上是否滿是累贅，當你放棄了本不該在身上的東西，此時你會突然發現，你已經擁有了你曾爭取過而又未曾得到的東西。

人們根據卡貝這一理論，稱之為「卡貝定律」。

它啟示我們：

要學會放棄。不管個人，還是企業經營中，要學會懂得放棄，該放就放。所以，放棄劣勢而選擇優勢；暫時捨而更好得；捨去昨天的輝煌而在今天的創新中取勝，這都是一種大智慧。

不快樂的擁有

　　有時你以為得到了某些東西，可能失去了更多；有時你以為失去了不少，卻有可能獲得許多。不以得喜，不以失悲。盡自己最大的努力去做，你已經盡力了，就任它花開花落，雲卷雲舒吧。

　　美國幽默大師說了這樣一個發生在他和女友身上的事：

　　他曾經和女友做了一個小測驗，說如果同時丟了三樣東西：錢包、鑰匙、電話簿，最可惜哪一樣？女友毫不猶豫地選擇了電話簿，而他毫不猶豫地選擇了鑰匙。

　　答案說，女友是個懷舊的人，他是一個現實的人。

　　後來他們分手了，女友的確被過去糾纏得不快樂，一段大學時代未果的愛情至今還讓她念念不忘；而他早已為人夫，為人父。女友的心停在了過去，一直後悔當初那麼輕易就放棄了。

　　他問她：「還可以挽回嗎？」她搖搖頭。他說：「那為什麼不放棄？」她無奈地說：「放棄不了。」他說：「其實妳是不想放棄。」

第八章　卡貝定律：為了更長久的發展

　　人的情感就是這樣，總是希望有所得，以為擁有的東西越多，自己就會越快樂。這種人之常情就迫使你沿著追尋獲得的路走下去。可是，有一天，你忽然驚覺：你的憂鬱、無聊、困惑、無奈、一切不快樂，都和你有太多的奢望有關，你之所以不快樂，是你渴望擁有的東西太多了，或者，太執著了，不知不覺，你就陷入了欲望的泥潭中而無法自拔。

　　假如，你愛上了一個人，而她卻不愛你，你的世界就微縮在對她的感情上了。有時候，你明明知道那不是你的，卻想去強求，或可能出於盲目自信，或過於相信精誠所至、金石為開，結果不斷地努力，卻遭遇不斷的挫折，弄得自己苦不堪言。世界上有很多事，不是我們努力就能實現的，有的靠緣分，有的靠機遇，不是自己的不強求，無法得到的就放棄。

　　懂得放棄才有快樂，背著包袱走路總是很辛苦。好了，我們可以得出這樣一個結論：放棄是一種解脫，放棄是一種釋重。

　　有一個女孩四年前在朋友的寢室玩，一念之差想偷了寢室裡的一副耳環，後來被耳環的主人識破，女孩羞愧難當，自此離開家鄉，再也沒回去過。

　　人生有些錯誤是無法挽回的，有時，需要你付出代價，這個代價就是放棄。外在的放棄讓你接受教訓，心裡的放棄讓你得到精神上的解脫。生活中的垃圾既然可以不皺一下眉

頭就輕易丟掉，情感上的垃圾也無須抱殘守缺。

放棄是一門藝術。在物欲橫流的今天，既需要你做出選擇，更需要你做出放棄。與其說是抉擇得當，不如說是放棄得好。放棄需要明智，該得時你便得了，該失去時，你就要大膽地主動放棄。

人生苦短，要想獲得越多，就得放棄越多。那些什麼都不放棄的人，是不可能獲得他們想要的東西的，其結果必然是對自身生命的最大的放棄，讓自己的一生永遠處於碌碌無為之中。

選擇在關鍵時刻放棄

美國著名作家布魯斯在《取捨之道》一書中談了對放棄的理解，他說：「面對工作，應該學會放棄，學會重新選擇自己。

同樣，我們也會在生活中面臨許多取捨問題，例如：

- 你很難推拒一個不適合自己的應酬，怕人家說你越來越厲害了；
- 在某些不適合的場合，想走時很難轉身就走，怕自己的 EQ 值太低；
- 你很難離開一個情人，即使你知道他根本不適合你。

第八章　卡貝定律：為了更長久的發展

是不是還想多得到一些什麼呢？所以你也許明知耽擱無益，貪多無益，但就是捨不得，甚至不願意放棄令自己不快樂的東西。

有些人曾經在把自己弄得很累的工作中掙扎很久；和一個不適合自己的愛情掙扎很久；在自己的原則和人情的矛盾中掙扎很多次；凡事沒有一個理想的結果就不甘心。不想和過去付出的心血該說再見時說再見，所以苦。

毫無疑問，你應該揣度，什麼該放棄，什麼不該放棄。為了那些不能放棄的，你放棄了哪些生命中最重要的事呢？大家可以看到：

- 身為工作狂的父親為了成就感與責任感，放棄孩子們的童年；
- 女人為了朝朝暮暮而放棄了自己生命可能挖掘的深度；
- 情人們為一時的計較和面子之爭放棄可能有的愛情。

如果說，現代人都會算投資報酬率，那麼沒有人算得出，在得到一些看得到的東西時，有多少和生命休戚相關的美麗像沙子一樣在指掌間流去。而每個人掌中所握的生命的沙是有限的，一旦失去，就撈不回來。

假如你的腦袋常像一個塞滿食物的冰箱，你應當盤算，什麼東西應該丟出去。否則，永遠不可能有新的東西放進來。不丟出去，有些東西反而還會在裡面慢慢變壞；有些東西，丟了

可惜，但放了一輩子，也吃不了。所謂的「人生觀」，大概就是如何為自己的「冰箱」決定內容物的去留問題吧！

生活中，每個人都應該學會盤算，學會放棄。盤算之際，有掙扎有猶豫。沒有人能夠為你決定什麼該捨，什麼該留。所謂的豁達，也不過是明白自己能正確地處理去留和取捨的問題。

不肯丟掉一個丟掉了之後並不會對你產生多大影響的東西，只因你會對自己說，你可以做得比現在更好，還怕找不到更好的？

在工作與生活中，我們每個人時刻都在取與捨中選擇，我們又總是渴望著取，渴望著占有，常常忽略了捨，忽略了占有的反面：放棄。

其實，懂得了放棄的真意，也就理解了「失之東隅，收之桑榆」的真諦。多一點中庸的思想，靜觀萬物，體會與宇宙一樣博大的胸襟，我們自然會懂得適時地有所放棄，這正是我們獲得內心平衡，獲得快樂的祕方。

撈魚的哲學

一個年輕的大學生在逛夜市的時候，看見一位老人擺了個撈魚的攤子，他向有意撈魚者提供魚網，撈起來的魚歸撈魚人所有。這個年輕人一時童心大發，蹲下去撈起魚來，他

第八章　卡貝定律：為了更長久的發展

一連撈破了三支網，一條小魚也未撈到。

見老人瞇著眼看自己的蠢樣、心中似乎暗自竊笑，他便不耐煩地說：「老闆，你這網子做得太薄了，幾乎一碰到水就破了，那些魚又怎麼撈得起來呢？」

老人回答說：「年輕人，看你也是念過書的人，怎麼也不懂呢？當你心中生意念想撈起你認為最美的魚時，你打量過你手中所握的魚網是否真有那能耐嗎？追求不是件壞事，但是要懂得了解你自己呀！」

「可是我還是覺得你的網太薄了，根本撈不起魚。」

「年輕人，你還不懂得撈魚的哲學吧！這和眾人所追求的事業、愛情、金錢都是一樣的。當你沉迷於眼前的目標之際，你衡量過自己的實力嗎？」

事後，這位年輕人才感悟到老人所說的「撈魚的哲學」的深刻含義：目標越大，得失越大，挫折感也就越大。

人生之苦不都是這樣嗎？也許你該放棄那些大而美麗的目標，選擇伸手可及的目標吧！人應該務實一點！企望著遙不可及的事物，不如把宏大的計畫分成幾段，從容易的著手，一步步達到自己的目的。

在生活中，我們必須學會放棄那些華而不實的目標。凡人對事對人該放手時不放手，就只有苦！

有兩個小孩，一個手上抓了顆球，另一個也要，一手抓

過去，對方不給，他拳頭如雨般搥擂下來。

許多時候我們如這小孩，不肯放手，寧願被人沒頭沒腦地亂打，還緊抓不放，其實不過為了顆球罷了。你或許說，那球上我的，沒理由給他，你為什麼一定要那顆球呢？不要它不就沒事了嗎。只要意念說：「我不要了，我放手」，管它誰撿去，反正我不要。

一個人，只有當他真正放棄那些虛幻的目標的那一刻，他才開始真正地了解自己了！

過度堅持導致浪費

當你確定了目標以後，下一步便是鑑定自己的目標，或者說鑑定自己所希望達到的領域。如果你決心做一下改變，就必須考慮到改變後是什麼樣子；如果你決定解決某一問題，就必須考慮到解決中可能遇到的困難是什麼。

當你描述了理想的目標以後，你必須研究一下達到該目標所需要的時間、財力、人力的花費是多少，你的選擇、途徑和方法只有經過檢驗，放能估量出目標的現實性。你或許會發現自己的目標是可行的，否則，你就要量力而行，修改自己的目標。

下面兩個建議一旦和你的毅力相結合，你期望的結果便更易於獲得。

123

第八章　卡貝定律：為了更長久的發展

◆ 第一，告訴自己「總會有別的辦法可以辦到」

每年有幾千家新公司獲准成立，可是5年以後，只有一小部分仍然繼續營運。那些半路退出的人會這麼說：「競爭實在是太激烈了，只好退出為妙。」

真正的關鍵在於他們遭遇障礙時，只想到失敗，因此才會失敗。

你如果認為困難無法解決，就會真的找不到出路。因此一定要拒絕「無能為力」的想法。

◆ 第二，先停下，然後再重新開始

我們時常鑽進牛角尖而不知自拔，因而看不出新的的解決方法。

成功者的祕訣是隨時檢視自己的選擇是否有偏差，合理地調整目標，放棄無謂的固執，輕鬆地走向成功。

有這樣一個故事：

兩個貧苦的樵夫靠著上山撿柴糊口，有一天在山裡發現兩大包棉花，兩人喜出望外，棉花價格高過柴薪數倍，將這兩包棉花賣掉，足可供家人一個月衣食無慮。當下兩人各自背了一包棉花，便欲趕路回家。

走著走著，其中一名樵夫眼尖，看到山路上扔著一大捆布，走近細看，竟是上等的細棉布，足足有十多匹之多。他欣喜之余，和同伴商量，一同放下背負的棉花，改背麻布回家。

他的同伴卻有不同的看法，認為自己背著棉花已走了一大段路，到了這裡丟下棉花，豈不枉費自己先前的辛苦，堅持不願換麻布。先前發現麻布的樵夫屢勸同伴不聽，只得自己竭盡所能地背起麻布，繼續前行。

又走了一段路後，背麻布的樵夫望見林中閃閃發光，待近前一看，地上竟然散落著數罈黃金，心想這下真的發財了，趕忙邀同伴放下肩頭的麻布及棉花，改用挑柴的扁擔挑黃金。

他同伴仍是那套不願丟下棉花，以免枉費辛苦的論調；並且懷疑那些黃金不是真的，勸他不要白費力氣，免得到頭來一場空歡喜。

發現黃金的樵夫只好自己挑了兩罈黃金，和背棉花的夥伴趕路回家。走到山下時，無緣無故地下了一場大雨，兩人在空曠處被淋了個溼透。更不幸的是，背棉花的樵夫背上的大包棉花，吸飽了雨水，重得完全無法再背，那樵夫不得已，只能丟下一路辛苦捨不得放棄的棉花，空著手和挑金的同伴回家去。

在人生的每一個關鍵時刻，審慎地運用智慧，做最正確的判斷，選擇正確方向，同時別忘了即使檢視選擇的角度，適時調整。放棄無謂的固執，冷靜地用開放的心胸做正確抉擇，每次正確無誤的抉擇將指引你走在通往成功的坦途上。

有些人失敗，不是沒有本事，而是定錯了目標，成功者為避免失敗，時刻檢查目標是否合乎實際，合乎道德。如果不是，那麼，即使你再有本事，千百倍地努力，也不會獲得成功。

第八章 卡貝定律：為了更長久的發展

棄大得大，棄小得小

學會放棄也就成了一種境界，大棄大得、小棄小得、不棄不得。在生活中於是應該學會放棄不如意的事情，學會放棄生命中可有可無的東西，心胸自會坦然。

比如證券市場，要以平和的心態介入市場，胸襟坦然才能做到旁觀者清。股市是一個綜合智力的競技場，股票操作的前提是要發現股市中的規律，找到賺錢的方法。股市中存在賺錢的方法，但又沒有必贏或必輸的方法，賺錢的方法有使用障礙時就必須放棄。

目前的市道明白地告訴我們，必須要學會放棄大部分股票：一是短線要找弱市中的牛股，二是尋找超跌的莊股，中線則應「重質不重勢」。

傳說有一種小蟲，每遇一物便取來負於背上，越積越重，又不願放下一些，終於被壓趴在地上。有人可憐牠，幫牠取下一些負重，牠爬起來繼續前行，遇物又取之背負如故。牠的目的是越過一堵高牆，卻氣力不支，墜地而死。

緊閉的窗戶前有一隻蜜蜂，牠不斷地振起翅翼向前衝去，撞上玻璃跌落下來，又振翅飛起撞過去……如此反覆不斷，直至力竭而死。

人亦如此，較之物類更是固執。人總喜歡給自己加上負

荷，輕易不肯放下，自謂為「執著」。執著於名與利，執著於一份痛苦的愛，執著於幻美的夢，執著於空想的追求。數年光景逝去，才感嘆人生的無為與空虛。

我們總是固執得感性，由「我想做什麼」到「我一定要做到什麼」，理想與追求反而成為一種負擔。冥冥之中有人舉著鞭子驅使著我們去追趕，我們追得到什麼？

夸父始終也沒能追上太陽的東升西落。

找準一個目標

人生本就有得有失，我們只能朝一個方向前進，而不能同時朝好幾個方向走。面臨人生重要關卡時，你可要看準了、想好了。否則，只能原地踏步或轉圓圈。所以，聰明人總是在得失之間及時抉擇，把一切不利於自己的東西都拋開。

世界級著名男高音歌唱家帕華洛帝在選擇努力方向時也曾面臨著人生的岔道口。

盧恰諾·帕華洛帝在一所師範院校上學時，其家鄉義大利摩德納市的一位名叫阿里戈·波拉的專業歌手收他為徒弟。畢業時，帕華洛帝問他父親：「我該怎麼辦？是當教師還是成為一個歌唱家？」

第八章　卡貝定律：為了更長久的發展

　　他父親回答道：「盧恰諾，如果你想同時坐兩把椅子，你只會掉到兩把椅子中間的地上，在生活中，你應該選定一把椅子。」

　　後來，帕華洛帝回顧成功之路時說：「我選擇對了，我忍住了失敗的痛苦，終於成功了。現在我的看法是：不論是砌磚工人，還是作家，不管我們選擇何種職業，都應有一種獻身精神，堅持不懈是關鍵的，但重要的選擇是前提。」

　　請選定一把椅子！你不可能魚和熊掌兼得，除非天下人的智慧和運氣都集中到你一個人身上。想多坐幾把椅子，結果往往是一把也坐不成，只有真正理解得失之間的自然規律的人，才能擁有精采的人生。

　　常言道，有得必有失。任何一個人若要在某一領域有所作為，必定要在其他領域裡顯得笨手笨腳。如同把一塊上等的木頭雕刻成一件工藝品一樣，你必須知道什麼東西是必須除去的，才可能做成一件工藝品。否則，什麼都想留著，最後得到的只會是一塊原封不動的木頭。同理，在成就事業方面，我們只有喪失不必要的部分，才能真正獲得嶄新的部分。

　　在一次座談會上，一位神情凝重的長者站起來對大家說：「年輕時，我也曾有一個偉大的志向。我想成為一個博學多才的人，我也認認真真去做了。到現在，我想對你們說，面對浩瀚無垠的知識海洋，人的一生所學的不過是滄海一

粟。毫不謙虛地說，我的知識比在座的誰都要廣，但可憐得很，我在任何一方面都沒有獨特的建樹。」

事實上，我們並非不曾努力，而是精力過於分散，志趣不專，今天，我們大家應深刻體會這樣一個道理，那就是：為學立業勿忘專。

要想擁有一個精采的人生，應體悟到，生命中的得失是必然的，人不可能只有得沒有失，也不會只要失而沒有得。唯有這樣的體悟，才能衝破層層迷霧，開啟新的人生。

在此，讓我們深深體會莊子的一句話吧：「吾生有涯，而知無涯，以有涯逐無涯，則殆矣。」

第八章　卡貝定律：為了更長久的發展

第九章
懶螞蟻效應：
勤勞比不過靈活大腦

成群的螞蟻中，大部分螞蟻很勤勞，而少數螞蟻則東張西望，無動於衷；而當食物來源斷絕或蟻窩被破壞時，那些勤勞的螞蟻一籌莫展，「懶螞蟻」們則帶領夥伴向牠早已偵察到的新的食物源轉移。

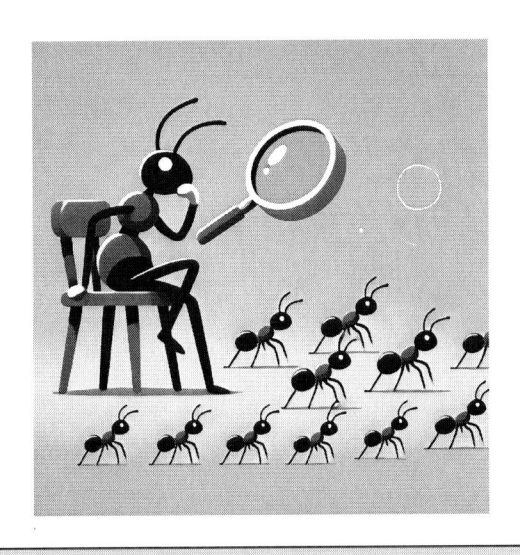

第九章　懶螞蟻效應：勤勞比不過靈活大腦

「蟻王」一定是那個最懶的傢伙

　　生物學家研究發現，成群的螞蟻中，大部分螞蟻很勤勞，尋找、搬運食物，爭先恐後，少數螞蟻卻東張西望不工作。當食物來源斷絕或蟻窩被破壞時，那些勤勞的螞蟻一籌莫展，「懶螞蟻」們則「挺身而出」，帶領夥伴向牠早已偵察到的新的食物源轉移。

　　在我們生活周圍，我們經常會看到，懶惰的餐廳服務員往往是最令人滿意、最優秀的。他們總是力爭一次就把餐具都送到餐桌上，因為他們討厭多走半步路。而那些勤快的店員卻端上咖啡而不帶方糖和攪拌匙，他們反正不在乎多走幾趟，每趟只拿來一樣東西，結果咖啡已經涼了。

　　人類的祖先生活在條件惡劣的山洞裡，每次想喝水，都要走到溪水旁邊才行。於是他們發明了最初的水桶，用水桶可以把足夠一天飲用的水一次提回家去。不過，如果他們連水桶也懶得提了，下一步就會想到發明管道了，水可以順著管道從溪邊一直流進自己的屋子裡。

　　為了不必翻山挑水，水泵和水車就被發明了出來，這無疑都是懶人們發明的。

　　想想看，如果某些懶人不曾建立那些定理、法則，我們在生活裡將會遇上多麼複雜的局面，將會碰到多麼令人筋疲力盡的麻煩啊！那樣，我們的社會也不會發展到像今天這樣。

因此，我們可以說，正是「懶人」承擔了促進文明發展的重任，他們身上寄託著人類的希望。

我們生活中到處都有大量的工作等待我們去處理，如果你降低一些工作量，你就會有空做廣泛而非狹隘的研究，你的創造性思維也會越來越活躍，擬訂成功也就指日可待了。

懶螞蟻成功的原因

有些看似勤奮的「老鼠」為什麼不能成功，而那些看似很懶的螞蟻為什麼會更容易取得成功呢？這裡有 3 個充分的理由。因為他們善於補養，懂得正確思考，同時他們更具有一種獨闢蹊徑的進取精神。正是基於這 3 點理由，才使他們有別於那些看似勤奮的「老鼠」。

善於補養

補養即學習，善於學習是懶螞蟻成功的 3 個理由之一。

懶螞蟻善於透過閱讀、聆聽、冒險以及吸取新的經驗，來克服無知的障礙；避免無知滋生出自滿，損及自己的職業生涯。專業能力需要不斷提升技能組合以及刺激學習的能力配合。不論是在職業生涯的哪個階段，他們學習的能力都是別具一格的，他們把工作視為學習的殿堂，他們的知識對於所服務的機構而言是很有價值的寶庫。

第九章　懶螞蟻效應：勤勞比不過靈活大腦

正因為如此，你一定要像這些懶螞蟻一樣可得好好自我監督，別讓自己的技能落在時代後頭。當你的工作進行順利的時候，要加倍地學習；當工作進行得不順利、或是他人的期待很高的時候，那就把學習的能力不斷提高——在瞬息萬變的現代世界裡頭，善於學習是讓我們能夠為自己開創一番天地的法寶。

美國年輕的 ABC 晚間新聞的主播彼得・詹寧斯當了 3 年主播之後，就下了一個很大膽的決定：他辭去了人人豔羨的主播職位，決定到新聞第一線去磨練記者的工作技能。彼得・詹寧斯雖然連大學都沒有畢業，但是卻以事業作為他的教育課堂。他在國內報導許多不同路線的新聞，並且成為美國電視網頭一個常駐中東的特派員，後來他搬到倫敦，成為歐洲地區的特派員。經過這些歷練之後，他才回到 ABC 主播臺的位置，成為美國廣受歡迎的年輕主播。

因此，不管你有多麼成功，你都得對專業生涯的成長不斷投注心力，如果不這麼做，工作表現自然無法有所突破，終將陷入日復一日重複的陷阱裡頭。

聰明的懶螞蟻善於從經驗裡頭學得教訓，因此遇到某些難題，如果行不通的話，不要一直用同一個方法猛鑽牛角尖，還指望總有一天會有成果出現。你必須從經驗中尋求精進自己的工作技能，否則就會被拋在後頭吃灰塵。

只要沒有定期充電，轉眼之間就會被時代淘汰，這種事

發生的速度是很快的。智者固然能夠鼓勵你努力成長，但是最後還是要你自己刺激學習的意願，才能夠吸收到所需的專業知識。你所具備的知識越是豐富，你所具備的價值也就越高。

懂得正確思考

一切切實可行的行動皆源於正確的思考，這也是懶螞蟻成功的先決條件之一。

思考的力量是巨大的。所有計畫、目標和成就，都是思考的產物。你的思考能力，是你唯一能完全控制的東西。而那些「勤勞的螞蟻」往往不善於思考，他們在工作中會遇到許多取捨不定的問題；相反，那些善於正確的思考的「懶螞蟻」能夠使其發揮巨大的作用，他們可以決定一個人應該採取什麼樣的行動。

懶螞蟻善於思考，他們把思想當作一塊土地，經過認真且有計畫的耕耘，就可以把這塊土地開墾成產量豐富的良田，而不善於思考的人讓它荒蕪，任由它雜草叢生。

正確思考的變化往往蘊含於取捨之間，因為不這樣做，就那樣做，是由一個人的思考力決定的。不少人看似素養很高，但他們因為難以取捨眼前的蠅頭小利，而忽視了更長遠的目標。善於思考者有時僅僅在於抓住了一兩次被別人忽視

第九章　懶螞蟻效應：勤勞比不過靈活大腦

了的機遇，而機遇的獲取，關鍵在於你是否能夠在人生道路上進行果敢的取捨。

少數善於思考的懶螞蟻一直都被當作人類的希望，因為他們在他們所做的事情上，都扮演著先鋒者的角色，充分施展了他們的優勢。他們創造工業和商業，不斷使科學和教育進步，並鼓舞發明創造。

大多數人的行為，例如在選擇宗教、參與政黨、甚至買車時，都不以他們對於目標的正確思考作為決定的依據，而是受到親戚、朋友的影響。但善於思考的懶螞蟻完全不同，除非他們對目標做過深入地分析，否則不會接受任何政黨、宗教或其他思想。他們會自由決定取捨，並且從取捨的過程中獲得更大的利益。

由此看來，善於正確思考，這將是一個人能否達到目標的關鍵性要素，同時應記住：運用正確的思考，是你對他人應付出的一項道德義務。沒有正確的思考，是不會成就這些偉業的，如果你不學習正確的思考，是絕對成就不了傑出的事情的。

正確的思考以下列兩種推理方法作為基礎：

- 歸納法：這是從部分導向全部，從特定事例導向一般事例，以及從個人導向宇宙的推理過程，它是以經驗和實證作為基礎，並從基礎中得出結論。

■ 演繹法：以一般性的邏輯假設為基礎，得出特定結論的推理過程。

這兩種推理方法之間有很大的不同，但兩者可以一起運用。例如：當你用石頭砸玻璃的時候，只要石頭本身的性質不變，則玻璃一定會被打破。反覆幾次用石頭砸玻璃之後，你可歸納出一個結論，亦即玻璃是易碎的，而石頭不會碎。

根據這個結論，你可以演繹推理，去了解其他不易破碎的東西也會打破玻璃，就像石頭會打破其他易碎的東西一樣。

但為了避免匯出錯誤的結論，你要求推理的正確性，就必須嚴格地要求自己要進行正確思考，進而審查你的推理結果，最終找出其中的錯誤。除了審查你自己的思考過程之外，你還可以運用這兩種推理方式，審查別人的思考結果是否正確。

除了正確的思考之外，一般人都會聽取許多意見，但這些意見多半都是沒有價值的。你只能接受那些以事實，或正確的假設為基礎所提出的意見。同樣的，你不可提供沒有事實或正確假設作為根據的意見。正確思考者在沒有考慮成熟之前，是不會提供任何意見的。雖然他們從別人那裡聽取事實、資料和建議，但是他們保留接受與否的權利。

如果你要接受他人的理論，就應該找尋他發表此一理論

背後的動機。是否應接受狂熱者的言論你必須謹慎決定，因為這種人的情緒很容易失控。雖然有些人的動機是值得讚揚的，但值得讚揚的本身並不等於正確。

無論誰企圖左右你，你都必須充分發揮你的判斷力並小心謹慎，如果言論顯得不合理，或是與你的經驗不符時，便應該做進一步思考。

「勤勞的螞蟻」之所以平庸往往是因為他們不愛動腦筋，這種習慣制約了他們的發展。相反，那些成大事的懶螞蟻無一不具有善於思考的特點，善於發現問題、解決問題，不讓問題成為人生難題。

可以說，任何一個有意義的構想和計畫都是出自於思考。一個不善於思考的人，會遇到許多舉棋不定的情況；相反，正確的思考者卻能運籌帷幄，做出正確的決定。

人要成就大事，首先得先思考你的事業，思考你自己，向自己問問題，只有養成了這樣的習慣，在事業的開創過程中，才會不斷前進，走向成功。

獨闢蹊徑的進取精神

懶螞蟻獨闢蹊徑的進取精神是指其具有獨特的眼光、敏銳的觀察力和預見力，想前人所不敢想，為前人所不敢為，大膽創新，去尋找新的天空，開拓新的領域的超人能力。

在現實生活中,那些「勤勞的螞蟻」往往缺乏這種獨闢蹊徑的進取精神。他們只會在漫無目標地尋找自己的出路,事實上,他們已經「迷路」了。

想要獨闢蹊徑不僅要有勇於吃螃蟹的勇氣,而且還需要有堅忍不拔的毅力,不顧別人的阻撓與嘲諷,認準了路就要堅持走下去。一個成功的企業家是否具有「見別人之未見,行別人之未行」的創業精神,與其事業的成敗休戚相關。

法國著名美容品製造商伊夫‧黎雪就是這樣一個人。

伊夫‧黎雪是靠經營花卉發家的。他原先對花卉抱有極大的興趣,經營著一家自己的花卉店,一個偶然的機會,他從一位醫生那裡得到了一種專治痔瘡的特效藥膏祕方。他對這個祕方產生了濃厚的興趣。他想:如果能把花卉的香味深入這種藥膏,使之成為芬芳撲鼻的香脂,應該會很受人們歡迎的。

於是,憑著濃厚的興趣和對於花卉的充分了解,伊夫‧黎雪經過晝夜奮戰居然研製成了一個香味獨特的植物香脂。他興奮地帶上他的產品去挨家挨戶地推銷,取得了意想不到的結果,幾百瓶試製品幾天工夫就賣得一乾二淨。由此,伊夫‧黎雪想到了利用花卉和植物來製造化妝品。他認為,利用花卉原有的香味來製造化妝品,能給人清新的感覺,而且原材料來源廣泛,所能變換的香型種類也很繁多,前景一定很廣闊。

第九章　懶螞蟻效應：勤勞比不過靈活大腦

　　他開始去遊說美容品製造商實施他的計畫，但在當時，人們對於利用植物來製造化妝品是抱否定態度的。黎雪堅信自己的新穎想法一定能夠成功。於是，他向銀行貸款，建起了自己的工廠。

　　1960 年，黎雪的第一批花卉美容霜研製成功，便開始小批量地投入生產。結果在市面上引起了轟動。在極短的時間內，就賣出了 70 萬瓶美容霜，這對於黎雪來說，無疑是個巨大鼓舞。

　　為了促進銷路，他還別出心裁地在廣告上附上郵購優惠單，他相信一定會引起許多人的注意。於是，他在雜誌上刊登了一則廣告，上面附載了郵購優惠單。那是一份發行量較大的雜誌，結果其中 40% 以上的郵購優惠單被寄了回來，伊夫·黎雪成功了。他這種獨特的郵購方式使他的美容品源源不斷地賣了出去。

　　1969 年，黎雪擴建了他的工廠，並且在巴黎的奧斯曼大街上設了一個專賣店，開始大量地生產和銷售化妝品了。如今他在全世界的分店已近千家，其產品被世界各地的人們所使用。

　　從故事中我們可以看到，伊夫·黎雪能夠別出心裁，獨闢蹊徑，打破常規。他利用花卉來製造美容霜，而且還採取了一種懶惰的方法——就是當時聞所未聞的郵購方式，不僅使他節省了許多寶貴的時間，而且還使他的事業取得了巨大的成功。

你要獨闢蹊徑去獲得成功、獲得機會，應該從伊夫·黎雪的成功經驗中吸取有益的啟示：

首先，要能在平常的事情上思考求變。能夠獨闢蹊徑的懶螞蟻，其思維富有創造性，善於從習以為常的事物中圖新求異，主動反常逆變，去認識世界，改造世界。

其次，要不為現行的觀點、做法、生活方式所牽制。巴爾札克說：「第一個把女人比做花的人是聰明人，第二個再這樣比喻的話，就是庸才了，第三個人則是傻子了。」

再次，要留意他人，學習他人，但一定要有自己獨到的見解。要養成獨立思考的習慣，自己在觀察事物、觀察別人成功經驗的同時，獨創出自己的見解。

在我們周圍，許多人在追求機會的道路上，雖窮盡心力，但終究得不到幸運女神的青睞，對於這種人，最好的辦法就是讓他獨闢蹊徑。

如何出現在正確時間和地點

機會主要指在正確的時間和正確的地點做正確的事。人們常說的「千載難逢」、「天賜良機」就是指機會。「懶螞蟻」眼光敏銳，能夠及時發現機會，發揮自身優勢，進退自如，在競爭中處於不敗之地。

第九章　懶螞蟻效應：勤勞比不過靈活大腦

在商業競爭中，發展一個成功的產品和服務，通常的基本規則是發現一種需要並去填補它，這種需要就是機會，但你永遠無法知道這種機會什麼時候、會以何種方式出現在你面前，因而就需要你時時留心。

牛頓從蘋果落地得到啟發，創出萬有引力學說；瓦特從水壺冒汽得到啟發，發明了蒸汽機；魯班從被草的鋸齒割破手得到啟發，發明了鋸子……這種事例在古今中外數不勝數。他們為什麼會成功？看見蘋果落地，水壺冒汽的人不少，手被草劃傷的人更多。可是為什麼偏偏是他們抓住了成功的機會呢？這就是因為他們本身的實力與才能出眾，善於在別人習以為常的現象中得到突破。

一個人無論天生聰明或駑鈍，他如果能有過人的成就，必然在「遲鈍處」下過苦功。別人不去想的，他去深思；別人不屑做的，他敢去嘗試。

你也一定要努力讓自己在正確的時間出現在正確的地點，這樣你才會做出正確的事情。

上司需要機智應變的「懶螞蟻」

每一位老闆或上司都希望自己的員工能主動工作，並帶著思考去工作，他絕不想讓員工變成「機器」，也不願接受機器般的員工和下屬，因為這樣會讓他不得不分出精力去指導

具體業務的進行。

因此，在工作中，你若不能發揮「懶螞蟻」的主動接受、思考及實踐的精神，你就永遠不可能有進步，而永遠被人踩在腳下。

首先，你不能只一味地按照指令上說的去做，上司沒有交待的事就絕對不做；也不能整天抱著「只要領得到薪水就成了」的想法。

每天按時上班，按時下班，絕不會在公司多待上一分一秒；上司交待的工作雖然不會拖拖拉拉完成，也絕對不會超前完成；就算在完成了現有工作之後，如果上司沒有分配下一次任務，也不會主動找工作去做，並認為上司沒有及時交待工作任務是他的過失等這些做法都是錯誤的。

你應該主動去發掘工作，而不是等著老闆或上司指派。在老闆的心目中，員工是不能在辦公時間停下來的，員工有責任去發掘工作，而不是讓工作去等他們。

其次，如果你不能很好地領會老闆和上司的意圖去完成工作，並能夠自己思考著將這種意圖實踐到工作中去，他們就算不炒你的魷魚，也絕不會升你的職。

一位老闆在他的自傳上這樣寫道：

「事實上往往有些員工接到指令就去執行，他需要老闆具體而細緻地說明每一個專案，而他本人只是不假思索地執行，

第九章　懶螞蟻效應：勤勞比不過靈活大腦

完全不去思考任務本身的意義，以及可以發展到什麼程度。」

「我認為這種員工是不會有出息的。因為他們不知道思考能力對於人的發展是多麼的重要。」

「不思進取的人由接到指令的那一刻開始，就感到厭倦，他們不願花半點腦筋，最好是能像電腦一樣，輸入了程式就不用思考地把工作完成。」

上司的時間是寶貴的，因為他們不得不處理方方面面的事情，所以若是你能很好地領會他們的意圖並去執行任務，對他們來說簡直再好不過了。

所以，你需要能夠很明確地掌握老闆和上司的指令，並加上本身的智慧與才幹，把指令的內容做得比老闆或上司想像得還要好。

- 第一，要主動地學習更多的有關工作範圍的知識，隨時運用到工作上；
- 第二，要有高度的自律能力，不用督促就可以把工作效率保持在一定水準之上；
- 第三，發掘更多的、更適時的市場資料，用在工作上；
- 第四，從別人那裡學習好的工作方法和工作經驗，應當勇於在實踐中合理運用。

學會在工作中做一個「有心人」，你的工作和你的事業才能發展得更接近你的理想。

懶螞蟻的應變技巧

應變技巧不是與生俱來的天賦,是可以透過不斷的學習和演練培養出來的。下面,就教你幾招遇到阻礙時如何應變的技巧:

了解到公司在各個時期內將要達到的目標

比如:在某一個年度內要做成多少筆生意,吸納多少個客戶,或達到某個專案的盈利數目等。除此之外,還有必要採取哪些具體的行動,以配合公司的發展。

在實際的工作過程中,你必須對公司的要求和變化瞭若指掌,尤其當你遇到一位健忘或喜歡隨時改變主意的老闆時,你必須緊緊跟在他們後面走,以他們的目標為目標。

把習慣上的抱怨變成理解

在工作中遇到麻煩的老闆、嘮嘮叨叨的客戶、刁鑽古怪的同事,的確是令人沮喪而又無可奈何的事,不少人經常為此抱怨連連,甚至詛咒。

其實,你的這種表現也在不自覺間給別人造成很大的壓力。在社會交往中,人與人之間的溝通是一種循環,是相互的關係,如果相互給予壓力,也會相互承受壓力。因此,在習慣上把抱怨變成理解,可以減少這種人際交往中的摩擦。

第九章　懶螞蟻效應：勤勞比不過靈活大腦

在與上司和同事以及客戶相處的過程中，只有將抗拒轉為接納，才能表現出你良好的應變能力。

以不變應萬變

假如遇到工作中的突然變故，會手足無措，一時間不知如何是好。事實上，與其急得團團轉，還不如冷靜地以不變的方式應付。

俗話說：「識時務者為俊傑。」在工作中，只有學會因時制宜，順勢而動，才能做到處變而不驚、巧妙應付，化繁為簡，化險為夷。

聰明的「懶螞蟻」不會死守一個洞穴，而是會尋找新的家園，換一種方式生活；聰明的職場人士也不應該只會遵循固有的工作方式和方法，而應該勇於嘗試新的方式和方法。

當所有的方法都行不通或者達不到理想的效果時，運用智慧開闢一個新的方法和途徑，常常能得到「柳暗花明又一村」的效果。

行銷人都知道的一個故事：

兩個的推銷員去非洲推銷皮鞋。由於天氣炎熱，非洲人向來都是赤著腳。第一個推銷員看到此景立刻失望起來，並即刻打道回府。而另一個推銷員卻驚喜萬分：「這些人都沒有鞋穿，一定大有市場啊！」於是他想方設法，引導非洲人購買皮鞋，結果發大財而歸。

這就是創新與守舊的天壤之別。同樣是非洲市場,同樣面對著赤著腳的非洲人,由於觀念之差,一個人因循守舊,不戰而敗;而另一個人信心滿懷,勇於創新,大獲全勝。

對於職場人士來說,只重守不重變是非常不明智的。不敢做出改變與嘗試,落後的工作觀念就會束縛他們的發展,使他們離成功越來越遠。

要知道,創新行為不僅對公司有利,也對個人的形象、聲譽、能力和前途有利。成敗得失並非關鍵,重要的是你是否有勇於嘗試的精神,無論創新的意念是否獲得接納,執行得是否順利,都能顯示出你對公司的熱誠和責任感,並讓你獲得老闆和同事的認同,這對你的發展至關重要。

◆ 第一,要樂於接受各種創意

要摒棄「以前有人做過,都失敗了,我也不可能做到」、「老闆絕對不會支持我」、「我不能冒這個險」等思想。

曾有一位非常傑出的推銷員說:「我並不想把自己裝得精明幹練,但我卻是這個行業中最好的一塊海綿。我盡我所能地吸取所有良好的創意。」

◆ 第二,要勇於嘗試新的事物

試著培養自己的冒險精神,廢除固定的工作模式。閱讀一些新的有關工作的書籍,結識一些新的客戶,改變一下以往的上班路線,或在休息時間去一個陌生的地方旅遊。多學

習一些與行業相關的新知識，可以擴展你的能力，為你以後擔當更重大的責任作準備。

◆ 第三，要帶著問題工作

成功的職場人士都喜歡問自己：「怎麼樣才能做得更好？」人只要具有問題意識，自然能夠了解自己周圍所欠缺的、不足的還有很多，這些可能正是公司今後的策略和方針。

◆ 第四，不斷地為自己設立可行性目標

不斷地為自己設定較高的目標，不斷尋求增進效率的各種方法，以較少的精力做較多的事情。記住，「最大的成功」都是保留給具有「我能把事情做得更好」的態度的人。

◆ 第五，管理和發展你的創意

創新的意念也許只是產生在一個瞬間，如果沒有立刻寫下來就可能隨時「飛」走。因此，隨身帶著筆記本，創意一來，馬上記下。然後，定期複習你的創意，找出有價值的創意繼續培養及完善。

如果你能夠做到以上五點，就會很容易地摒棄保守的思想。逐步培養起創新的意念，並利用創新推進自己的事業。

第十章
不值得定律：判斷價值性的目光

凡是不值得做的事，更不值得把它做好。

第十章　不值得定律：判斷價值性的目光

不值得做的事，大人物是不屑一顧的

在森林裡的一個角落，一隻老鼠向一頭雄獅發起挑戰，要和牠一決高下，而那頭雄獅果斷地拒絕了。老鼠一臉得意的樣子說：「怎麼，你是不是害怕了？」那頭雄獅微笑地答道：「是的，我真的很害怕，如果我答應你，你就可以得到曾經與獅子比武的殊榮，而我呢？以後森林裡所有的動物都會恥笑我竟和老鼠打架。」

事實上，與老鼠比賽的麻煩在於，即使你贏了，也只是贏了一隻老鼠，僅此而已。對於不值得做的事，大人物是不屑一顧的。

在我們的生活中，卻有很多這樣的人，他們自己的條件很優秀，可是總是為一些美中不足的事自尋煩惱，弄得惶惶不可終日。儘管自己的力量很強大，但總考慮去對付周圍的「老鼠」，那麼像這樣的事值得去做嗎？答案是：不值得。

人們根據這一哲理，總結出「不值得做的事，更不值得把它做好」，即為不值得定律。它同時也告訴我們這樣一個道理：一流的人做一流的事，不該做的事，千萬不要去做。

美國著名心理學家威廉・詹姆斯曾這樣說：「明智的藝術就是清醒地知道該忽略什麼的藝術。」

如果一個人過於努力想把所有事情都做好，那麼他就不

會把值得做的事做好。一個人對瑣事的興趣越大，對大事的興趣就會越小；而非做不可的事越少，就越少遭遇到真正的問題，人們就越關心瑣事。最後就會因此而付出代價。

我們應該在工作和生活中找出最有價值的人和事物，並為之投入充分的時間和精力，好好享受這份體驗以及相關的人和事物，這個道理雖簡單，卻是成功人生最重要的基礎。

哪些事值得做

不值得定律似乎再簡單不過了，但它的重要性卻時時被人們疏忘。

不值得定律反映出人們的一種心理，一個人如果從事的是一份自認為不值得做的事情，往往會保持冷嘲熱諷，敷衍了事的態度。不僅成功率小，而且即使成功，也不會覺得有多大的成就感。

那麼，究竟哪些事值得做呢？一般而言，這取決於三個因素：

- 價值觀。只有符合我們價值觀的事，我們才會滿懷熱情去做。
- 個性和氣質。一個人如果做一份與他的個性氣質完全背離的工作，他是很難做好的，如一個善交際的人成了

第十章　不值得定律：判斷價值性的目光

　　文書處理員，或一個害羞者不得不每天和不同的人打交道。
- 現實的處境。同樣一份工作，在不同的處境下去做，給我們的感受也是不同的。

　　總之，值得做的工作是：符合我們的價值觀，適合我們的個性與氣質，並能讓我們看到期望。如果你的工作不具備這三個因素，你就要考慮換一份更合適的工作，並努力做好它。

　　在生活中，人每一天要處理許多事情，既要忙工作又要忙家務，每每感到時間不夠用，又感到力不從心。

　　其實，只要抓住事物的本質，放棄細枝末節，一定會讓你事半功倍。關鍵是要理清頭緒，哪些值得做，哪些不值得做。

　　在一個人的職業生涯中，對於每個人來說，應在多種可供選擇的奮鬥目標及價值觀中挑選一種，然後為之而奮鬥。「選擇你所愛的，愛你所選擇的」，才可能激發我們的奮鬥毅力，也才可以心安理得。

　　而對於一個管理者來說，則要很好地分析員工的性格特性，合理分配工作，如讓依附欲較強的職員更多地參加到某個團體中共同工作；讓權力欲較強的職員擔任一個與之能力相適應的主管……

另外，要加強員工對企業目標的認同感，讓員工感覺到自己所做的工作是值得的，這樣才能激發員工的熱情。

做第一流的事

在人的一生中，一個人不可能有足夠的時間去做好每一件事情。正如迪斯雷利曾說過：「生命太短促了，不能再只顧小事。」事實上，抓住了大事，小事自然會照顧好。

一流的人物大都具備無視「小事」的能力，在你往前奔走的途中，你不可以對路邊「小老鼠」的挑戰而太在意的。「如果要先搬走所有路上的障礙再行動，那你什麼也做不成。」

安德烈‧莫瑞茲在德國的《明鏡》雜誌裡說：「我們常常讓自己因為一些小事情、一些應該不屑一顧和忘了的小事情弄得心煩意亂……我們活在這個世上只有短短的幾十年，所以我們不該浪費那些不可能再補回來的時間，丟棄那些纏繞你思想的小事。讓我們把精力放在值得做的行動和感覺上，去想偉大的思想，去經歷真正的感情，去做必須做的事情。」

事實上，很多人通常都能夠很勇敢地面對生活裡那些大危機，可是，卻會被一些小事搞得垂頭喪氣。很多其他小憂慮也是一樣，我們不喜歡那些，結果弄得整個人都很頹喪，只不過因為我們都誇大了那些小事的重要性。因此，你想克服被一些小事所引起的困擾，只要把看法和重點轉移一下就可以了。

第十章　不值得定律：判斷價值性的目光

在生活的每一天裡，我們都可能遇到類似的情景，因為一點小事而影響了我們的心情，從而也失去了抓住了做大事的本領。

記住：第一流的人是對那些無足輕重的事情無動於衷的人，他們永遠不會為那些不值得做的事所困擾。

黑桃 A 與世界第一

在生活中，你敢不敢說「我是第一」？這個問題的回答並不困難。如果你是個渴望成功的人，請回答「當然，我是第一！」

既然你是第一的人，你所做的事也是一流的事，任何不值得做的事，你做了，都會阻礙你從平凡到卓越的腳步。

為什麼我們一定要是第一呢？因為你本來就是第一。至少，你要在意識中播種爭第一的信心，這樣，你的個性才會真正成熟起來。記住：生活需要個性。

無數受人尊敬的成功者，都曾經宣稱自己是第一的人。是不是第一勿須追究，關鍵是他們的確取得了成功。喬・吉拉德就是這樣一個人。

吉拉德很小的時候，隨父母從義大利到了美國，在汽車城底特律度過了悲慘的童年，痛苦和自卑成為他的不良印

痕。他那碌碌無為的父親告訴他:「認命吧,你將一事無成。」這個說法令他沮喪,他總是想著自己苦悶的前程。

有一天,母親告訴他:「世界上沒有誰跟你一樣,你是獨一無二的。」從此,他燃起希望之火,他認定他是第一,沒人比得上他。

自信奠定了他成功的基礎。他第一次應聘時,這家公司的祕書要他的名片時,他遞上一張黑桃Ａ。結果立刻得到了面試的機會。

主管問他:「你是黑桃Ａ?」

「是的。」他說。

「為什麼是黑桃Ａ?」

「因為黑桃Ａ代表第一,而我剛好是第一。」

就這樣,他被錄取了。後來他真的成為了世界第一。他一年推銷1,425輛車,創造了金氏世界紀錄。吉拉德為什麼會這樣呢?他在每天臨睡前都要重複幾遍:「我是第一。」然後入睡。這種鼓舞性的暗示堅定了他的信心和勇氣,他的個性得到了有利的強化。

因此,你永遠要相信自己是第一。一個連自己都不相信的人能做好有價值的事嗎?要記住,鼓舞你的人恰恰是你自己。

第十章　不值得定律：判斷價值性的目光

絕不與水準低者合作

不值得定律還告訴我們：

與一個不是同一重量級的人爭執不休，就會浪費自己的很多資源，降低人們對自己的期望，並無意中提升了對手的層面。

這就如下棋一樣，與不如自己的人下棋會很輕鬆，你也很容易獲勝，但你永遠也長不了棋藝，這樣的棋下多了，棋藝會越來越差，所以好棋手寧可少下棋，也絕不與水準低的棋手下棋。

在決定一件重大決策時，一個善於做大事者是絕對不會做這樣的蠢事的，他們本身具有不同的謀略，他們不謀於眾，這是謀事的特殊情況。

這一原則通俗地說，策劃特別重大的事情，不必與那些小人物商量。因為預備做非常重大事情的人，自己必定有非同尋常的眼光、胸襟與氣度，自己看準了，勇往直前，如果去和別人商量，反倒會影響自己的立場。

這是因為，為了與大多數的人相同，有些需求與欲望，有時候就必須跟著妥協。而對於一些事物的觀感，多半也只是遵循主流的觀點，不容易擁有自己的主觀的想法，只因為你害怕自己會被大多數的人所排擠。而那些較有主見的人，

他們就不會隨波逐流，因為他們知道真正有價值的東西是什麼，所以，他們不在乎別人以異樣的眼光來看待他們。

一般來說，胸懷大志的人由於人生目標和知識看法與普通人有很大距離，很多事他不和普通人商量，應該說是正常的。正因為這樣，社會才有進步。

成大事者不謀於眾，對於其他人雖然不與其商議，而他本人卻必是深思熟慮的。另外，他必須確實具有成大事的謀略和能力，他心中的計畫也必須合乎事物發展的規律。如果僅僅是自以為了不起，那只會搬起石頭砸自己的腳。

做得夠多不如做得夠好

在某種意義上講，人生就是選擇對自己最重要的事情，然後集中精力去完成它，實現它。

對很多人來說，在選擇最重要的事時，完全依據自己的需求，而不考慮他人的意見，並不是件很容易的事。因為我們大部分的人都已經被「洗腦」了，我們會依據外在世俗的標準來決定我們的生活。但只有你自己能為自己做決定，你覺得有價值、有興趣的事情才是最能滿足你，最有意義的決定。

在我們的生活中，卻有這樣的一些人，他們沒有把工作做好，卻替自己找了一個藉口：「我做得已經夠多了。」

第十章　不值得定律：判斷價值性的目光

假如你也如此,那怎樣幫助自己脫離這種心態呢?

你可以自己詢問諸如下列的問題:「你如何認定自己做得已經夠多了呢?如果你已經做了你平常該做的事情,但是問題還是無法解決,或者目標仍然無法達成,你的下一步是什麼?你如何決定何時停止一切嘗試解決問題的舉動?你要如何解釋自己這個決定?如果你是公司老闆,你會希望員工比你撐得久,做事比你現在努力嗎?你能夠想像自己無限制地做下去,直到達成目標?如果這麼做的話,你會有什麼感覺?」

在這裡,我們並不是說,每一個人必須不擇手段達到工作目標,甚至要犧牲自己其他生存的價值,諸如健康、家庭、休閒等等。這樣做只會讓自己對自己更不負責任。

我們所提倡的,是在合理的範圍之內,也就是在不會危害到個人生活的範圍內,如果目標尚未達成的話,就必須審慎思量自己所謂「做得夠多了」是什麼意思。

要想在工作中取得成果,就要注意不要盲目地做事情,而要做真正值得做的事情。

克萊門特‧斯通曾說:「在職業生涯中,我讓自己養成了只依據人們的成果來支付他們報酬的習慣。成果比任何華麗辭藻更具有說服力。」

其實他們什麼也沒做

在很多的大學中，教授們年復一年地寫論文、發表論文，並規規矩矩地將這些活動列在他們的履歷表上。

有人認為，這些人至少做了一點事情，總比什麼都沒有做好。但拿破崙・希爾認為，這樣做比什麼都不做還糟。當他們認為自己在做一些事情時，其實他們什麼也沒做，還比什麼都沒做更慘。

其實，做一件正確的事情，要比正確地做十件事情重要得多。在短暫的人生面前，做正確的事情是「延長」生命的最好辦法。不要任意揮霍你的精力，把它們用在最有價值的地方吧！

遺憾的是，大多數人一直等到他們的生命走完了大半以後，才開始問這樣的問題，或許因為他們太年輕，或許他們不了解自己的時間其實非常有限。等到他們發現許多真正有價值的事情其實並沒有做的時候，才感覺到生命是如此的短暫。

下面是絕對不要做不值得做的事的 4 個理由，它會為你的生命再加一把「火」：

■ 第一，不值得做的事會讓你誤認為自己在完成某些事情。就像將沒人聽過或讀過的論文列在履歷表上一樣，你只是對白費力氣沾沾自喜罷了。

■ 第二，不值得做的事會消耗許多時間與精力的。因為用

第十章 不值得定律：判斷價值性的目光

在一項活動上的資源不能再用在其他活動上，不值得做的事所用的每一項資源都可以被用在其他有用的事情上。

- 第三，不值得做的事會賦予自己生命。社會學家韋伯說，一項活動上的單純規律性會逐漸變為必然性。一段時間後，人們會說：「我們不應該讓它消失，我們已經做這麼久了。」這就像有些人明明不喜歡自己的戀人，卻還是要在一起，因為在一起久了，習慣使人不願意再作別的選擇。但最終，一個人要為自己做了不值得做的事付出代價，這件事情越大，代價也就越大。
- 第四，不值得做的事會生生不息。做了不值得做的事之後，就需要成立一個委員會來監督，還需要小組委員會、管理人員、指導原則，甚至還需要每年開設訓練營，學習怎樣將不值得做的事做得更好。這樣繁衍下去，將會生生不息。

因此，不要做自己的奴隸，不是每件事都必須做。很多事情只不過是在浪費我們的時間、精力和生命而已。

讓事情變得值得

在真正成功的企業內部，員工們會對企業目標、自己對企業的作用、以及執行任務的具體原因等十分明確，只有明

確這些問題，員工才會覺得自己的工作是極其重要的。

這時，他們認為，自己是在為實現目標貢獻能力，這樣他們才能從不值得定律中走出來，才能對工作投入足夠的熱情和努力。

要想讓事情變得值得，管理者需要從以下幾方面做起：

第一，企業必須讓員工知道企業的發展目標，這一點非常重要。如果管理者認為員工沒必要了解企業目標，那麼員工也就會覺得沒必要為這個目標盡心盡力。

第二，員工經常想要得到答案的一個問題是，「我知道如何使我做的事情為企業的成功做出貢獻嗎？」如果員工不知道他們如何為企業的成功做貢獻，那麼他們不能就什麼事情需要處理做出好的決策，而且他們可能不會像他們本來能做到的那樣充滿熱情。

第三，員工需要知道滿足企業的要求，以及其所處企業部門的要求，他們在日常工作中必須具備什麼條件。如果不對員工提出具體的要求，員工的能力和素養水準就很難得到提高，這將從根本上影響企業的效率和未來的發展水準。

第四，當你交給某人一項任務時，陳述需要完成這項任務的理由是十分重要的。當員工知道他們現在為什麼要去做某件事情時，那麼他們就可以開始了，並且做出符合客觀情況的決策。

第十章　不值得定律：判斷價值性的目光

在市場活動中,「原因」在企業中經常被疏漏。大多數企業仍未進行這種角色轉變,交待任務時只告訴員工「如何做」或「做什麼」。這種做法控制性太強了,而且通常會打消員工的積極性和工作熱情。

第五,規定時間是人們在委派工作時經常遺漏的一條關鍵資訊。如果員工知道任務要在半天內完成,採取的方法會有別於他在時間期限為一個月時所採取的方法。時間標準通常是告訴必須做多少、對待細節的水準以及期待付出的努力。

身為管理者,如果想讓員工充分發揮其潛能,必須讓員工感覺到他是企業不可缺少的一分子。

如果企業管理者不能重視每一個員工,讓員工感到自己沒有被重視,在這處團隊裡可有可無,沒有發揮自己才能的天地,那麼員工便不會把工作作為自己的事業來奮鬥,企業管理者必須充分明白這一點。

不要試圖把每件事情做對

彼得·杜拉克曾這樣說:「做應該做的事情,而不是試圖要把每件事情都做對。」

誠然,根本不值得去做的事情是最浪費我們時間的事情。

大部分人在忙於做一些與過上具有效率、成就感的快樂生活毫無關係的工作。他們宣稱自己沒有時間，卻能一天看幾個小時的電視。上班時，他們上網查資料，打四五通私人電話，與同事們閒聊寒暄。然後，在一天快結束的時候，抱怨自己還要加班。

由此看來，對於很多人來說，時間並不是問題，問題是我們要如何處理時間。最具效率的人會把時間投資在最有價值的活動上，他們效率高超、與眾不同地運用自己的時間。

對於一個頂尖高手來說，把注意力集中在一些不值得做的事情上不是實現成功的好辦法。

隨著社會的發展，很多公司卻存在著這樣一種傾向，那就是把問題複雜化。人們忙於處理大量的不僅耗時間而且毫無價值的活動。

如果你也想把你的存在複雜化，那麼最佳的方法就是：讓自己屈服於那些高喊著「所有值得做的事情就要做好」這樣口號的人。你的最終結局是，把自己過多的時間、精力以及金錢都投資在了一些毫無價值的事情上。

你要知道，出色地完成了那些不值得做的事情是不會給你帶來成功的；你只有集中精力去完成那些值得做的事情，才會為你的生活增添光彩。

比方說，如果你業務的關鍵環節是打電話給客戶，那麼

第十章　不值得定律：判斷價值性的目光

你就應該把自己大部分的精力都集中在這件事情上。

處理時間問題的好壞程度，將決定你能把自己在工作和個人生活之間的衝突降低到什麼程度。處理好時間問題最重要的一點是，培養能讓你集中精力處理那些真正具有價值的活動的能力。

因此，你要在可以利用的時間裡盡最大努力去工作，你要在最有價值的事情上竭盡全力，而在不值得做的事情上就不要浪費任何精力了。

「學會在幾件真正重要的事情上力爭上游，而不是在每件事情上都爭取有上乘表現的人，可以讓他們的生活發生根本性變化」。

將注意力集中在值得的事上

在一時期內，一個人的資源和能量是有限的，你無法同時做好數件事。而一些不值做的事也同樣會占據你的空間，消磨你的意志。

誠然，世界的開放性和資訊倍增，給集體選擇和個人的發展提供了機會，但也帶來了大量的精神渙散和疲勞。因此，集中注意力去做有價值的事情是一種明智的選擇。

那麼如何去培養和保持良好的注意力呢？

◆ 第一,要明確注意的目的

在某些行為活動中,為了能夠較長時間維持注意,就必須明確某一行為活動的目的,以及為了達到這一目的所安排的每一步驟的具體任務。當對某種行為的目的、任務有清晰地了解時,就會提高自覺性,加強責任感,集中注意力。

◆ 第二,學會用責任心約束注意力

注意是服從一定活動任務的,對活動的意義和結果理解得越深刻,責任心越強,就越能產生注意的決心,也就能長時間地保持注意力。心理學家研究顯示,當一個人能預見行為結果並深刻理解其意義時,就能集中全部注意力去從事這項事業。

◆ 第三,時刻用興趣鼓勵自己去注意

興趣是人們活動的一種直接動力,不管是直接興趣還是間接興趣,都是透過個體的需求傾向而產生的。興趣是注意力集中的源泉。興趣廣泛,可以引起更多的非自主注意,使人在輕鬆的條件下接受影響、學習知識。

興趣廣泛除能發展注意力,還可使人的知識結構合理、全面地發展,這對於未來事業的發展也有著深遠的影響。所以,平時我們應多暗示自己:「做好工作讓我有成就感」。

第十章　不值得定律：判斷價值性的目光

◆ 第四，用遷移的方法來培養注意力

在緊張的工作和生活中，人們的心理往往容易興奮不安，感到難以平靜，無法集中注意力。這時可以透過其他方法、手段來調整自己的注意力，如，在工作前回憶一下前一天發生的趣事來控制自己，進而透過遷移來培養注意力。

◆ 第五，用適當的難度維持注意力

工作中適當的難度可以增強自信感、成就感和滿足感。這些心理狀態無疑可以使注意力充分發揮出來。

◆ 第六，穩定情緒，發展注意力

要保持和培養有意識的注意，還要盡量避免環境中能分散注意的干擾刺激，排除個人心中不安的思想情緒做到情緒穩定，心情舒暢，使心中疲勞減少至最小限度，這樣比較能保持注意力。

◆ 第七，注意力的轉移要合理

注意力的轉移是根據任務的改變，及時把注意力轉向新的目標。及時轉移注意力，可使人適應情況變化，根據需要把注意集中到新的任務上，這樣才能連續地完成一個又一個任務。

第十一章
盪鞦韆原理：持續進步的力量

鞦韆每一次盪起來都是環環相扣的結果，就是這種一環扣一環的重複疊加，才達到了最後的高度。

第十一章　盪鞦韆原理：持續進步的力量

每天進步一點點

盪鞦韆，就是為了使我們在最低處，透過不斷的重複疊加的動作，來達到最後的高度。

同樣，對於我們來說，成功就是腳踏實地去做好每件事，每天都能夠進步一點點。成功來源於諸多要素的幾何疊加。

比如：每天笑容比昨天多一點點；每天走路比昨天精神一點點；每天行動比昨天多一點點；每天效率比昨天提高一點點；每天方法比昨天多找一點點……正如數學中 $20\% \times 20\% \times 20\% = 0.8\%$，而 $30\% \times 30\% \times 30\% = 2.7\%$，每個乘積只增加了 0.1，而結果都幾乎是成倍增長。

成功就是把簡單的事情重複著去做。就像盪鞦韆一樣，每一次我們都重複同一個動作，但是每個動作之後，都會增加一點我們的高度。

一個人，如果每天都能進步一點點，哪怕是 1% 的進步，試想，有什麼能阻擋得了他最終達到成功呢？

一個企業，如果每天都進步一點點，成為其企業文化的一部分，當其中的每個人每天都能進步一點點。試想，有什麼障礙能阻擋得住最終的輝煌呢？

牛奶罐裡的兩隻青蛙

根據盪鞦韆原理，我們可以得到這樣一個推論：

鞦韆所盪到的高度與每一次加力是分不開的，任何一次偷懶都會降低本身的高度，所以動作雖然簡單卻需要我們踏踏實實去做。

在追求成功的道路上，我們不可以因偷懶的行徑而放棄最終的目標。有時，因為偷懶，我們不僅會失敗，而且有可能會失去生命。讓我們先來看這樣一則寓言故事：

兩隻青蛙在覓食中，不小心掉進了路邊一隻牛奶罐裡。牛奶罐裡還有為數不多的牛奶，但足以讓青蛙們明白什麼叫滅頂之災。

兩隻青蛙就拚命地往外跳，最後，一隻青蛙想，這麼辛苦地跳，不知什麼時候才能上去，還是先讓我休息一下吧！結果牠的行動慢了下來，不一會兒，牠就沉沒於牛奶中了。

另一隻青蛙在看見同伴沉沒於牛奶中時，並沒有一味放任自己，而是不斷告誡自己：「上帝給了我堅強的意志和發達的肌肉，我一定能夠跳出去。」牠時時刻刻都在鼓起勇氣，鼓足力量，一次又一次奮起、跳躍 —— 生命的力量與美展現在它每一次的搏擊與奮鬥中。

不知過了多久，牠突然發現腳下黏稠的牛奶變得堅實起來。原來，牠的反覆踐踏和跳動，已經把液態的牛奶變成了一塊固體的乳酪。

第十一章　盪鞦韆原理：持續進步的力量

不懈地奮鬥和掙扎終於換來了自由的那一刻。牠從牛奶罐裡輕盈地跳了出來，重新回到了綠色的池塘裡；而那一隻沉沒的青蛙就那樣留在了那塊乳酪裡。

是堅持還是放棄，結果有著天壤之別。

只要你仔細想一想，就會發現那隻跳出牛奶罐的青蛙，所做的事情一點也不需要超人的智慧，只是一環扣一環地跳躍，也就是我們常說的「一步一個腳印」，用勤奮換來了成功。

在追求成功的道路上，我們需要踏實地做事。它需要的是有韌性而不失目標，時刻在前進，哪怕每一次僅僅延長很短的、不為人所矚目的距離。

正像故事中那隻勤奮的青蛙，每一次跳躍，都增加腳下的高度，儘管每次高度很矮，但是牠沒有放棄最後的目標，牠最終跳出了牛奶罐。

在追求的成功的旅途中，你願意做哪隻青蛙呢？

幸福永不眷顧懶惰者

有這樣一個有趣的故事，可以說明任何一次偷懶都會降低你成功的高度：

在美國南方的一個州，那裡現在仍然用燒木柴的壁爐來取暖。過去那裡住著一個樵夫，他向某一個人家供應木柴達

兩年多之久。

這位樵夫知道木柴的直徑不能大於 20 公分，否則就不適合那家人特殊的壁爐。但是，有一次，他為這個老主顧送去的木柴大部分都不符合規定的尺寸。主顧發現這個問題後，就打電話給他，要他調換或者劈開這些不合尺寸的木柴。

但是他的要求遭到了那個懶惰的樵夫的拒絕。這個主顧只好親自來做劈柴的工作，他捲起袖子，開始劈材。正當他做得起勁的時候，他注意到一根非常特別的木頭。這根木頭有一個很大的節疤，節疤明顯地被人鑿開又堵塞住了。

他非常好奇，他掂量了一下這根木頭，覺得它很輕，彷彿是空的，他就用斧頭把它劈開了。這時，奇怪的事情發生了，從劈開的木柴中散落了很多美元。他數了數恰好有 3,000 美元，很明顯，這些鈔票已經藏在這個樹節裡許多年了。這個人唯一的想法是使這些錢回到它的主人那裡。

於是，他抓起電話打給那個樵夫，問他從哪裡砍了這些木頭。「那是我自己的事。」這位樵夫的消極的心態維護著他的排斥力量。這位主顧儘管作了多次努力，還是無法獲悉這些木頭是從哪裡來的，也不知道是誰藏在樹內。

現在，這個故事的要點並不在於諷刺。我們中有很多人總盼著發財的機會，但他們一點都不肯吃苦，這也不想做，那也不願做，只想等好運氣降臨。他們不懂，其實好運氣永遠是為踏實肯做的人準備的。

其實，好運在每一個人的生活中都是存在的，然而，以

第十一章　盪鞦韆原理：持續進步的力量

消極懶惰的心態對待生活的人卻會阻止佳運降福於他。同樣，你若讓鞦韆盪到一定的高度，任何一次簡單的重複動作都不能有偷懶的嫌疑，否則你會永遠處於人生的低谷。

所以，真正的幸福絕不會光顧那些懶惰的人們，幸福只在辛勤的勞動和晶瑩的汗水中。

假使普天下的貧困者，能夠從他們頹喪的思想、不良的環境中轉身過來，而把自己人生的「鞦韆」盪得更高；能立志要脫離貧困與低微的生存，那麼在最簡單的重複動作中，他們也能換取最後的成功。

諾貝爾化學獎得主霍奇金

從古今中外許多科學家身上可以發現，他們的成功雖然各有不同，但在善於運用堅忍不拔的意志這一點上卻是相同的。

諾貝爾化學獎得主桃樂絲・霍奇金從小就是一個意志堅定的人。她的父親是考古學家，母親有很深的植物學知識，因此，幼年的霍奇金對礦物和植物有著濃厚興趣。

她在家中的頂樓建了個實驗室，模仿大人做實驗。那時，X光結晶學的開山鼻祖威利姆・布拉格曾經寫了一本面對兒童的科普讀物。就是在這本書的引導下，霍奇金知道了人類可以利用X光看到一個個的原子和分子。

之後，在劍橋大學工作期間，她又繼續向胃蛋白酶和胰島素的 X 光衍射挑戰。她在自己從小就崇拜的威利姆‧布拉格的指導下，後來成為用 X 光結晶學解析生物化學結構的第一人。

認準目標的霍奇金決定，對世界上剛剛提到出來的生理活性物質，如青黴素、維他命 B12 等，逐個用 X 光解析法測定其空間結構。她獲得了成功。1964 年，她因這些業績被授予諾貝爾化學獎。

她為什麼能測定出生理活性物質的空間結構並且獲諾貝爾獎呢？堅持不懈地沿一條路走下去，這是她獲得諾貝爾獎的主要原因之一。

獲獎後，她得到了不授課、不做指導老師、專門從事研究的教授地位。這樣，她避免了在教學事務上消耗時間，一心一意地鑽研胰島素的 X 光衍射。1969 年，她終於闡明了胰島素的三維結構。

從霍奇金的事例中，我們可以看到，一個人具有堅忍不拔的精神是最難能可貴的一種特質。

在我們周圍，許多人都樂於跟隨大眾向前，在情形順利時也肯努力奮鬥，這並不難做到；但是在大眾都選擇退出、向後掉轉，而剩下她自己孤軍奮戰時，要是仍然能夠堅持著不放手，這就更難能可貴了。這是需要恆心，需要意志的。

誠然，鞦韆的高度每次提升也許會很低，但是只要我們

第十一章　盪鞦韆原理：持續進步的力量

時刻堅持，一次也不偷懶，那麼，我們最終一定會在這看似簡單的重複中塑造一個成功的高度。

「每桶4美元」的啟示

下面的故事曾多次被很多暢銷類圖書所引用，這是因為它具有真正意義上的代表性。在這裡，我們還要用它來闡明一個觀點。先讓我們再次回顧這個故事：

美國標準石油公司曾經有一位小職員叫阿基勃特。他在出差住旅館的時候，總是在自己簽名的下方，寫上「每桶4美元的標準石油」字樣，在書信及收據上也不例外，簽了名，就一定寫上那幾個字。他因此被同事叫做「每桶4美元」，而他的真名倒沒有人叫了。

公司董事長洛克斐勒知道這件事後說：「竟有這樣的職員如此努力宣揚公司的聲譽，我要見見他。」於是邀請阿基勃特共進晚餐。後來，洛克斐勒卸任，阿基勃特成了第二任董事長。

在簽名的時候署上「每桶4美元的標準石油」，這算不算小事？嚴格說來，這件小事還不在阿基勃特的工作範圍之內。但阿基勃特做了，並堅持把這件小事做到了極致。那些嘲笑他的人中，肯定有不少人才華、能力在他之上，可是最後，只有他成了董事長。

阿基勃特的成功就像盪鞦韆一樣，透過看似簡單的重複動作造就了最後的成功。你也許還在尋找成功的路徑，你也許對這種觀點還持有懷疑的態度，問題是你現在真的這樣做了嗎？

我們知道，鞦韆後一次所達到的高度與前一次是分不開的，環環相扣的連結可以達到分散幾次望塵莫及的效果。

如果要想在成功的道路上達到這種望塵莫及的效果，就需要我們像阿基勃特那樣不斷地、踏實地去做事。

阿基勃特正是透過踏實做事並把這種行為發揮到了極致，為最後的成功奠定了堅實的基礎。

事實上，處理和分析日常小事展現了一個人的能動力。也就是說，在盪鞦韆這樣簡單的動作中，要自主地發揮本身具有的內涵。

你要能夠在很凌亂的事情中保持冷靜的分析、思考，這樣你才會把自己所做的昇華為成功。否則，就算你再踏實，日復一日的勞作只是單純的重複罷了。

單純的重複是一種浪費

盪鞦韆看似是一種簡單的重複，但是每一次帶來的結果都是不同的。我們要做的是，在這種看似簡單的動作中，提升自己的工作效率，否則，它只是在浪費我們的時間而已。

第十一章　盪鞦韆原理：持續進步的力量

那麼，如何利用好時間來提高自己的工作效率呢？成功學大師拿破崙·希爾為我們總結了保持較高工作效率的四大法則：

◆ 第一，發揮能動力

成功的第一條法則是具備能動力。能動力是一種積極的主動的力，是一種去做、並且正確地去做事情的願望，是懷著一個特定的目標，從一點向另一點移動，向著新的陣地前進的願望，是去成就既定工作的願望。

發揮能動力的最佳方法是這樣的：把你一天的時間分割成盡量小的若干部分，把每一部分都當作是獨立的有價值的部分。一旦你把工作拆成許多元件，你就能投身於其中之一，把它完成，然後再繼續做下一項。這樣會使你改變速度，並且不斷享受完成任務的清新之感。

◆ 第二，控制好惰性

很多人之所失敗，是因為我們對於面前棘手的工作拖著不辦。我們不過是被惰性所抑制了，而如果令這種惰性發展下去，它會產生一種永久的慣性。克服的辦法是利用它，讓消極的力量轉化為積極的強加力。

你要明白，當你一旦著手某件事情後，就去完成它。否則，精力會在事情的拖延之中衰敗。

◆ 第三,學會抵制厭倦

厭倦對一個人元氣的損傷是無可比擬的。假如你對尋求成功的意義產生了厭倦,按下列方法作以嘗試:

- 和自己比較,在一天結束之前,你能完成你必須完成的工作。
- 做每件工作都給自己一個時間限度。
- 一天替自己確立一個主要目標。在一星期中確定一天為「追趕」日,這樣在其他天裡可避開大部分瑣碎和惱人的事。
- 不要把一天當作時間進程的延續,那樣沒完成的工作便會拖到下一天。

◆ 第四,順其自然

假如你想豐富自己的日常工作,那就要設計一個切實可行而且行之有效的計畫,但它必須是靈活可變的,以便使你常常改變工作速度。當然,你將不得不一次又一次地妥協,但要記住,與自己的意願掙扎所消耗的精力越多,用於你工作中的則越少。

不要把盪鞦韆當作是一種單純的重複動作,你要做的是,在這種看似單純的重複中提高工作效率,把你的生命提高到一個新的層次,否則,單純重複只是一種浪費而已。

第十一章　盪鞦韆原理：持續進步的力量

上帝真的瞎了眼嗎？

在生活中，也許你年輕聰明、壯志凌雲；也許你不想庸庸碌碌地過此一生，渴望聲名、財富和權力。因此你常常抱怨：我為什麼沒有成功的機會呢？如果是這樣，你先看看下面的故事吧！

有一個山村附近發生了水災。許多村民紛紛逃生，一位上帝的虔誠信徒爬到屋頂上去，等待上帝的拯救。

不久，大水浸過屋頂，剛好有一隻木舟經過，船上的人要帶他逃生。這位信徒胸有成竹地說：「不用啦，上帝會救我的！」木舟就離他而去了。片刻之間，河水已浸到他的膝蓋。剛巧，有艘汽艇經過，來拯救尚未逃生者。這位信徒則說：「不必啦，上帝一定會救我的。」汽艇只好到別處進行拯救工作。

不一會兒，洪水高漲，已至信徒的肩膀。此時，有一架直升機放下軟梯來拯救他。他死也不肯上機，說：「別擔心我啦，上帝會救我的！」直升機也只好離去。最後，水繼續高漲，這位信徒被淹死了。

死後，他來到天堂，遇見了上帝。他大叫：「平日我誠心祈禱您，您卻見死不救。算我瞎了眼啦。」上帝聽後嘆口氣：「你還要我怎樣？我已經為你派去了兩條船和一架飛機！」

從故事中，你領悟到了什麼？究竟是誰瞎了眼呢？那個虔誠的信徒缺少的僅僅是機會嗎？

事實上，根據盪鞦韆原理，我們可以知道：鞦韆盪得越高，所擁有的空間就越大，所擁有的機會也就更多，你需要的是學會欣賞和把握。

在通往成功的道路上，每一次機會都會輕輕地敲你的門。不要等待機會去為你開門，因為門閂在你自己這一面。

機會對每一個人都是平等的，但機遇出現的形式是多樣的，所以很多人不能很快地辨別機遇，它不可能僅以一種形式出現在事物的發展變化中，它可能以不斷更替的變化形式出現。

你要善於發現機會。很多的機會好像蒙塵的珍珠，讓人無法一眼看清它華麗珍貴的本質，因此，你要學會為機會拭去障眼的灰塵。

沒有一種機會可以讓你看到未來的成敗，人生的妙處也在於此。不透過拼搏得到的成功就像一部毫無懸念的電影般索然無味。選擇一個機會，不可否認有失敗的可能。將機會和自己的能力對比，合適的緊緊抓住，不合適的學會放棄。用明智的態度對待機會，也使用明智的態度對待人生。

脫穎而出的「腳踏實地」關鍵在於找到合適的機會秀出你自己！

第十一章　盪鞦韆原理：持續進步的力量

失敗是邁向成功的開始

鞦韆到了一定的高度之後，並不會一直停留在空中不下來，它會從高處滑落到低處，就像人生中一些不可迴避的事情，或許是個失敗。但這些並不能代表什麼，每一次你都要鼓起勇氣從最低處堅持著走出來，沒有一次次的低谷，換不來更高處的清風撲面。

同樣，在你的人生鞦韆不斷擺動過程中，免不了要經受一些挫折、失敗，但是這些失敗最終會過去，你要學會克服這些困難去不斷地追求成功。

你要記住：失敗是盪向更高的開始。因為失敗正如冒險和勝利一般，是生命中必然具備的一部分。偉大的成功通常都是在無數次的痛苦失敗之後才得到的。

一個人容易失敗的主要原因就是自身的消極心態。你可能了解一些事實和普遍的規律。你可能懂得其中的許多東西，但是未能把它們應用於特殊的需求。你可能不懂得如何能應用、控制或協調已知和未知的力量。

面對這種情況，著名的心理學家威廉·詹姆斯指出，要使一個人真正努力確實很困難。他以「疲乏的第一層面」的說法來解釋。通常人經過短暫的努力之後會感到很疲倦，然後我們會想到半途而廢。但是，上帝所賦予人的巨大精力絕不僅於此，只要多努力一點，就可以多獲取一些能量，就像汽車

的加速器一樣，只要我們用力踩下去，便會產生巨大的衝力。

人也是如此，只是我們多督促自己一些，便會發現自己潛藏著無限精力。我們很少推動自己穿透疲乏的層面，發掘下面隱藏的潛力。真正去推動自己，必會得到驚人的效果。

下面是克服困難的兩個重要步驟，你不妨一試：

全身心地投入

事實上，每個人很少將所有的心力發揮出來，特別是所有的精神潛力。同時每個人也必須承認，自己很少全力以赴地去解決問題。通常只有在遭逢重大困難時才被迫如此。如果你嘗試著用全部心力去應付困難，你會對自身所達到的高度感到驚訝。

「一次一次盪高你的人生鞦韆吧！」這就是嘗試的含義。這意味著，一直堅持下去，直到問題解決為止。找到問題，努力嘗試，再找出問題，堅持不懈，最終能戰勝挫折。

所以，倘若你遇到挫折，就需要多次嘗試。那樣你會發現自己心中蘊藏著巨大能量。許多人之所以遭受挫折只是因為未能竭盡所能卻嘗試，而這些努力正是成功的必備條件。仔細查看列出的遭受挫折清單，觀察檢討看看，過去你是否已竭盡所能去爭取勝利？如果答案是否定的話，試試這項嘗試的法則，然後多試幾次，結果一定會讓你意想不到。

第十一章　盪鞦韆原理：持續進步的力量

學會積極思考

積極思考的力量是驚人的，任何失敗均能透過積極思考來解決，你能以積極思維來解決任何問題。如果去想，去認真思考，就有可能在短時間內，抓住問題核心，然後全力解決好它，並盡力做好。

因此，你要將消極思想所帶來的灰塵汙垢去掉，每天都以清醒的頭腦去思考新的一天，這種智慧、清新的思想將會讓你享受工作帶來的樂趣。享受工作樂趣，便是展望未來的成功，遺忘過去的失敗。把錯誤和失敗當作是學習的方法，然後就將它們逐出腦外。

你可能必須再三試行這兩個步驟，然後才能如願達成目標。這時，你的人生鞦韆每盪高一次，你就能夠增加一次高度，也許是很小的高度，但是你的目標逐漸被拉近了。

做自然的兒子，而不是孫子

盪鞦韆，不是為了一遍遍的簡單重複，而是要達到一定的高度，這個高度也就是你人生的高度。

也許你已經把鞦韆盪得很高了，但這並不是你最終的目的。只有不斷地去創新、不斷地超越本身，你才會不斷向前發展。

做自然的兒子，而不是孫子

義大利著名畫家達文西說：「一個人不應當一味去模仿別人，因為這樣他會被稱作是自然的孫子，而不是兒子。」現在，人們已經普遍認同了這句話，在這個世界上唯一不變的就是「變化」。不僅是變，是變得很快，變得讓人捉摸不定。而成功往往就蘊藏在這飛快的變化中。誰變得快，變得跟上甚至超越了潮流，誰就是真正的贏家。

我們看看現在誰在這個世界上上演「贏者通吃」，就不難發現，現在已經不是大魚吃小魚，而是快魚吃慢魚，真正的贏家是那些目標高遠、勇於超越的先行者。

讓我們再看看下面的故事。

在一個炎熱的一天，一群人正在鐵路的路基上工作，這時，一列緩緩開來的火車打斷了他們的工作。火車停了下來，最後一節車廂的窗戶（這節車廂是特製的並且帶有空調）被人打開了，一個低沉的、友好的聲音響了起來：「大衛，是你嗎？」大衛·安德森──這群人的負責人回答說：「是我，吉姆，見到你真高興。」於是，大衛·安德森和吉姆·墨菲──鐵路的總裁，進行了愉快的交談。在長達1個多小時的愉快交談之後，兩人熱情地握手道別。

大衛·安德森的下屬立刻包圍了他，他們對於他是鐵路總裁墨菲的朋友這一點感到非常震驚。大衛解釋說，20年前他和吉姆·墨菲是在同一天開始為這條鐵路工作的。其中一個人問大衛，為什麼你現在仍在驕陽下工作，而吉姆·墨菲

第十一章　盪鞦韆原理：持續進步的力量

卻成了總裁。大衛非常惆悵地說：「20 年前我為 1 小時 1.75 美元的薪水而工作，而吉姆·墨菲卻是為這條鐵路而工作。」

如果你是一個學生，只為分數而讀書，那麼你也許能夠得到好分數。但是，如果你為知識而學習，那麼你就能夠得到更好的分數和更多的知識；如果你是一名員工，只為薪水而工作，你只能得到一筆很少的收入。但是，如果你是為了你所在公司的前途而工作，那麼你不僅能夠得到可觀的收入，而且你還能得到自我滿足和同事的尊重。你對公司所做的貢獻越大，就意味著你個人所得到的回報就會越多。

你要明白，人生的變化腳步實在太快，我們必須超越過往才能夠生存，或是有所發展。

美國一位知名牧師曾經這麼說過：「過去種種猶如昨日死。如果我們把過去的歷史緊緊拖在身後不放，那麼自然也沒有足夠的力量邁入明日的世界。」

不管你的過去有多麼輝煌，當你著眼於未來、並且為未來做準備的時候，昨日的種種就再也沒有那麼重要了。因此，我們應該把心力投注在更高的目標上，而不是緬懷過去的成績。

第十二章
墨菲定律：與錯誤共生的法則

如果壞事情有可能發生，不管這種可能性多麼小，它總會發生，並引起最大可能的損失。

第十二章 墨菲定律：與錯誤共生的法則

墨菲定律是否成立？

墨菲定律源於美國空軍 1949 年進行的關於「急劇減速時飛行員的影響」的研究。

實驗的志願者們被綁在火箭驅動的雪撬上，當飛速行駛的雪撬突然停止時，實驗人員會監控他們的情況。監控器是一種由空軍上尉小愛德華‧墨菲所設計的甲冑，甲冑裡面裝有電極。

有一天，在通常認為無誤的測試過程中，甲冑卻沒有記錄任何資料，技術人員感到非常吃驚。墨菲後來發現甲冑裡面的電極每一個都放錯了，於是他當時說了一句話：如果某一個事情可以有兩種或者兩種以上的方法來實現，而其中一種會導致災難性的錯誤，而這一錯誤往往就會發生。

墨菲的這一說法後來得到了廣泛的流傳並被總結為墨菲定律：如果壞事情有可能發生，不管這種可能性多麼小，它總會發生，並引起最大可能的損失。

隨著墨菲定律的不斷應用與擴展，許多好事者不斷地透過試驗來論證它的正確性。接下來事情的發生，使人們客觀地認為墨菲定律似乎並不成立。

西方人注意到一件小小的怪事：早餐時所吃的麵包片，如果不小心掉了下去，幾乎總是塗了奶油的一面著地，弄髒了麵包倒不足惜，弄髒了地板可實在是讓人生氣。

在這件小事上，上帝好像在跟人們開玩笑，至少他不公正。人們便設法為上帝找了隻代罪羔羊，把弄髒地板的壞事歸罪於「墨菲定律」在無形中作怪。

為此，英國人做了一個很有意思的試驗。

1991 年，英國 BBC 廣播公司一些好事的節目主持人，在所有的觀眾面前，播放了一場別開生面的演出：將塗有奶油的麵包片以各種方式拋向空中，共計 300 次。統計結果顯示，麵包片正反兩面著地的次數差不多相等。

根據這個實驗，墨菲定律看起來似乎並不成立。

起死回生的墨菲定律

那麼，墨菲定律究竟是否成立呢？

1995 年，一位愛好數的英國記者馬修斯提出了他的看法，他認為，由於人們不喜歡地板被弄髒，希望能否定墨菲定律，這種心理因素導致人們忽視了 BBC 電視實驗中的一個重要問題：早餐桌上發生的實際情況是，麵包片被碰出桌邊而掉下來，不是拋向空中再落下，兩者有本質的不同。

這位英國記者藉助自己擅長的數學工具，運用力學原理，建立了一個數學模型。模擬計算的結果是──地板必定會被弄髒。墨菲定律又「起死回生」了。

第十二章　墨菲定律：與錯誤共生的法則

事實上，地板被弄髒，不是那個不可思議的墨菲定律在作怪，而是決定於三方面的客觀原因——地球的引力、餐桌的高度和麵包片被碰出桌邊的水平速度。由於這三個原因的聯合作用，使麵包在落地的過程中剛好翻轉 180 度。因此，整個事件根本不是隨機性事件，而是確定性事件。

這種結果是否可以改變呢？

這時，很多人提出了自己的看法，有人建議改變餐桌的高度，使麵包片落下時翻轉接近 360 度，或者不到 90 度。通常餐桌的高度是 70～80 公分，落體運動是加速運動，因此，餐桌必須再加高一倍至 3 公尺或再降低一半至 20 公分才行。

還有人提出進一步的修正，他們認為，麵包片的翻轉運動極可能是減速運動，考慮到這個因素，餐桌的高度還要加高或還要降低……

至此，餐桌應當加高或降低的精確值已經變得不重要了，反正那種特高特矮的餐桌是不會有銷路的。改變餐桌高度的主意並不好，更像個「愚人節」的玩笑。

另外一個建議就更加可笑——改變地球引力。雖然這絕對不可能，但是可以設想如下情況：假如外太空的某個星球上有外星人，他們也在餐桌旁邊吃塗了奶油的麵包片。由於這個星球的引力與地球不同，是否就能避免弄髒地板的壞結果？

對於以上建議，馬修斯做了否定的回答。因為引力的變化必將引起外星人身高的變化，他們使用的餐桌也將隨之增高，變化了的引力和變化了的餐桌高度這兩個因素結合起來，所產生的結果卻是一樣的，麵包片往下掉時仍將翻轉180度，奶油仍將把地板弄髒。

由此可見，墨菲定律讓人們不得不接受生活中許多不可避免的事實了。

「錯誤」與我們一樣，都是這個世界的一部分

正像麵包片最終把地板弄髒一樣，人類許多事實也是不可避免。容易犯錯誤，便成為人類不可避免的弱點，永遠不犯錯誤的人是不存在的。

近半個世紀以來，墨菲定律像個幽靈一樣弄得滿世界人心神不寧，它提醒我們：我們解決問題的手段越高明，我們將要面臨的麻煩就越嚴重，事故照舊還會發生，而且永遠會發生。

墨菲定律忠告人們：面對人類自身的缺陷，我們最好想得更周到，全面一些，採取多種保險措施，盡量防止偶然發生的人為失誤。

第十二章　墨菲定律：與錯誤共生的法則

要知道,「錯誤」與我們一樣,都是這個世界的一部分,狂妄自大只會使我們自討苦吃,我們必須學會如何接受錯誤,並不斷從中學習。

社會的進步並不是永遠朝著正確的方向前進,而是一邊不斷地嘗試錯誤,一邊掙扎地找出可能正確的方向,然後努力地朝目標前進。

沒有錯誤的社會對人類來說,絕對不是一個幸運的社會,相反可能會是個不幸的社會。這只要想想那種在完備的管理下,如機器人一樣按標準模式活動就能明白。也許仍然能生存下去,但卻活得毫無意義可言。

當然,我們的社會若是一個可任由個人恣意犯錯的社會,對人類來說也是一個不幸的社會。因為這樣一來,我們的社會就會變得混亂不堪。因此,一個不斷地小心翼翼地試錯的社會,才是最佳狀態。

由此可見,「與錯誤共生」是人類不得不接受的命運,只要客觀、正確地認識錯誤,它就並不像我們認為的那樣可怕。在很多情況下,錯誤並不是什麼壞事,人類社會正是透過不斷的試錯過程才有了進步。

人類的試錯過程

　　大自然提供了以試錯法來進行改變的絕佳案例。

　　每一次基因繁殖時發生的錯誤，就會導致遺傳上的突變發生。在大多數情況下，這些突變對物種有不利的影響，使其遭到自然選擇的淘汰，但是偶爾也會產生對物種有利的突變，且會遺傳給下一代。

　　地球之所以有如此多的生物，就是這種試錯過程的結果。如果原生的阿米巴蟲不產生任何突變的話，哪會有今天的人類。

　　達爾文在《演化論》中指出：「如果有誰能夠證明存在著任何一樣不可能經由為數眾多的、逐漸的、輕微的改動而形成的複雜器官，那麼我的理論將絕對會破產。」

　　由此可見，從世界上第一個單細胞生物到現代的人，每一步進化都是試錯過程的結果。這也就是所謂物競天擇，適者生存。

　　當今企業面臨的最大挑戰是經營環境的模糊性與不確定性。在高科技企業，哪怕只預測幾個月後的技術趨勢都是件浪費時間的徒勞之舉。

　　因此，在充滿不確定性的經營環境中，企業需要的不是朝著既定方向的執著努力，而是在隨機試錯的過程中尋求生

第十二章　墨菲定律：與錯誤共生的法則

路；不是對規則的遵循，而是對規則的突破。

對於一個個體而言，試錯的行為也是同樣有效。當一個人剛剛來到這個世界的時候，幾乎什麼都不懂。但這並不妨礙他嘗試著在這個世界上活動。他一定會做錯很多事情，但就是這個過程使他長大。

沒有人能夠代替小孩的各種學習和實踐，只有試錯過程才能教會他許多東西。比如：跟一個嬰兒說千萬不要從床上往下跳，但是如果他自己真正摔了，下次他就不會再從高處往下跳。

對於小孩子來說，試錯的過程可能在很大程度上受到家長和學校的引導和幫助；而對於一個成人來說，試錯過程，就完全是他自己的事情了。大人可以合法地吸菸、喝酒、結婚等等。只要他願意，他可以嘗試著做很多事情。在大多數情況下，他需要對自己的嘗試負全責。

在人類進化過程中，重要的不是不犯錯誤，而是不犯同樣的錯誤。能夠避免錯誤的人是聰明人，能夠避免類似錯誤的人也是聰明人。

與無數隻青蛙接吻

在創意萌芽階段，錯誤是創造性思考的必要副產品。就如美國著名棒球運動員卡爾·雅澤姆斯基說過：「假如你想打中，先要有打不中的準備。」

要知道，錯誤是你偏離正軌的警告，如果你一直很少失敗，那就表示你不是很有創造力。美國的3M公司有一句名言：「為了發現王子，你必須與無數隻青蛙接吻。」

在這裡，「青蛙」意味著失敗，但失敗往往是成功的開始。當然，寬容失敗並不是放任自流、為所欲為，而是激發員工們的挑戰精神和戰勝困難的勇氣。

失敗是人生中的一本大書，不管你現在是或曾經是失敗者，不管你現在是或曾經是成功者，你都讀一讀這本書，研究失敗者為什麼會失敗，你也就找到了怎樣才能成功的竅門。只有那些經得起失敗，能從失敗中奮起的人才能獲得成功。

失敗還有兩種好處：第一，如果你的嘗試失敗了，你將知道哪條路行不通；第二，失敗給予你嘗試新方法的機會。

蕭伯納曾這樣說：「一生花在犯錯誤當中，不但是可貴的，也比一事無成的一生有價值多了。」

要克服恐懼、戰勝失敗你就必須願意面對一個事實，那就是：在一生中，我們都會犯許多錯誤。如果你很久不動了，要馬上行動就很難；而一旦你去做了，事情就容易多了，也只有「與無數隻青蛙接吻，你才能發現真正的王子。」

如果你開始行動，雖然不斷地犯錯，但是你在累積經驗，那經驗會帶給你能力，你就會少犯一些錯誤。這樣一

第十二章　墨菲定律：與錯誤共生的法則

來，失敗的恐懼感就會愈來愈少。記住，戰勝失敗，就是開始行動。

在現實生活中，你會遭受很沉重的失敗打擊，但是這一點每個人都不例外，你此時必須馬上行動。不管是什麼攔阻了你，或你已經很久沒有行動了。記住：找到「真正的王子」的唯一方法，就是「與無數隻青蛙去接吻」。

一個從來不犯錯的人，也從來不會有所成就。但有一點你要記住：不要總與一隻青蛙接吻，也就是說，同樣的錯誤絕不能犯兩次。

雖然說成功是錯誤的累加，但也不能把錯誤當成習慣或者藉口。犯了錯誤，要勇於承認錯誤和改正錯誤。只有勇於承認錯誤並改正錯誤，才有不斷向前發展的可能。

誠實認錯，好處多多

俗話說，智者思慮，必有一失。一個人再聰明，思慮也總有不周的時候，有時再加上情緒及生理狀況的影響，於是就會無可避免犯錯。

如果你犯的是大錯，那麼此錯必然瞞不了多久，你的任何藉口只是「此地無銀三百兩」，讓人對你心生嫌惡罷了。如果所犯之錯證據確鑿，你雖然狡辯功夫一流，但責任還是逃

不掉,那又何苦去狡辯呢?如果你犯的只是小錯,用狡辯去換取別人對你的嫌惡,那更划不來呀!

暫且不論犯錯所需承擔的責任,不認錯和狡辯對自己的形象有很大的破壞性,因為不管你口才如何好,又多麼狡猾,你的逃避換得的必是「敢做不敢當」之類的評語。

在公司裡,主管不敢信任你,別的部門主管也「怕」你三分,同事們更因怕哪天你又犯了錯,把責任推得一乾二淨,於是抵制你,拒絕和你合作。而最重要的是,不敢承認錯誤會成為一種習慣,也使自己喪失面對錯誤、解決問題和培養解決問題能力的機會。

如果面對所犯錯誤能坦白承認,並勇於改正,那效果就會有很大的不同了。

也許,你會認為,誠實認錯,那不是要立即付出代價,獨吞苦果嗎?有時候碰到心胸狹隘的主管,的確會如此,但絕大多數的主管都會「高抬貴手」——人家都認錯了,還要怎麼樣?而且在心理上,你認錯,已明顯表示出主管與你位置的高低,主管受到尊重,他也會替你扛一部分的責任;因為這其中也有「督導不周」的責任呀!所以,在現實的考慮下,認錯的後果並不如想像中那麼嚴重。

另外,誠實認錯還有好處,例如:

第十二章　墨菲定律：與錯誤共生的法則

- 第一，可以此來磨練自己面對錯誤的勇氣和解決錯誤的能力，因為你不可能一輩子做事都不犯錯誤，趁早培養這種能力，對你的未來大有好處。
- 第二，為自己塑造了「勇於擔當」的形象，無論主管同事都會欣賞、接受你的作為，因為你把責任扛了下來，不會諉過於他們，他們感到放心，自然尊敬你，也樂於跟你合作。
- 第三，你的認錯如果真的招來主管的責罵，那麼正可塑造你的弱者形象，弱者往往是引人同情，也能引來助力的，你會因此而獲得不少人心。

所以，犯了錯，就誠實地認錯吧！但是這並不表明你就一了百了，你要盡快去解決以下問題：

- 趕快想辦法補救，以免事態擴大。
- 等事情過去了，要檢討犯錯的原因，並加以改進，以免下次又犯錯！
- 如果你的犯錯影響到別的同事，那麼要向他們表示你的歉意，如果他們也幫你善後，感謝當然是不能免的！

每個人都會犯錯，既然無法確保不犯錯，那麼誠實地認錯會給你帶來很多好處的。

反覆犯錯，日子難過

人的智慧是有限的，而外在世界是無限的，因此以有限的智慧去應對無限無界的外在世界，想不出錯很難。

人的經驗也是有限的，而人與事的變化卻是無止境、無規則的，因此以有限的經驗去應付無止境的變化，要不出錯也很難。

墨菲定律讓我們看到了一個不可避免的現實——錯誤無處不在。事實就是這樣的，任何人都不可能避免，無論你多麼偉大或者渺小，在工作和生活中都會遇到一些或大或小的錯誤。所以天底下沒有不出錯的人。

但有一點要記住：犯錯不是越多越好，而且總犯錯的人會缺乏信心。要知道，少出錯的人成就高，常出錯的人成就低。而少出錯的人若能不重複犯同樣的錯，那麼成就會更高。常出錯的人若還反覆犯錯，日子就難過了。

在競爭激烈的社會中生存，不犯同樣的錯誤是必須謹記的法則。

犯同樣錯誤，影響有深有淺，這是必然要付出的代價。它會引發一連串的負效應：

◆ 第一，洩露了你的思維模式及行為習慣

因為你犯同樣的錯誤，顯然你的思維有僵化之處；也許你經過檢討，但並沒有發現問題所在，所以下次做，還是做

第十二章　墨菲定律：與錯誤共生的法則

錯！也許你發現了問題，但因為受到長期累積下來的行為習慣的束縛，下次做，還是「明知故犯」。

◆ **第二，影響別人對你的評價**

一個人對他人的評價是先看外表，再看他所做的事。能做事，評價就高；老是做錯事，評價就低；若是一再犯同樣的錯，評價就更低了。因為別人會對你的反省能力、做事能力及用心程度產生懷疑，就算你犯的是無心之錯，別人也會對你的評價打個折扣。

誠然，人在做一件事上難免會犯一些錯誤，但要在社會上做個生存者，就必須擺脫感情的干擾，嚴肅地面對「犯錯」這件事。

首先要做的是反省與檢討，徹底了解犯錯的原因何在：是技術問題？還是性格問題、觀念問題？尤其是後兩者有必要做毫不留情的檢討，才不會自我欺騙，逃避問題。

其次是反思自己及別人錯誤的經驗，借反思來提高自我警覺。人會犯錯，常因為是性格及習慣造成的，反思錯誤的經驗有助於修正性格及習慣上的偏差。

也許你會說，一錯再錯，會有這麼嚴重的後果嗎？去現實世界中體會一下，你就會真正明白的。

成為「補漏高手」

在我們生活中,任何工作都會遭遇到問題的困擾,重點在於我們會不會下定決心想辦法去解決問題。

下面的故事會給我們一些更好的啟示:

一天,一個年輕人在距離岸邊大約 30 公尺的地方划著一艘小船,他雖然用力地划,但船身就是不動,他顯得非常沮喪。

岸邊一位老者看到這個情形,並且注意到船身漏得很嚴重,已經漸漸往下沉了。他大聲叫著這名划船的男子,可是他正忙著將水舀出船外而無暇理他。

於是這個老者喊得更大聲了,但那男子還是繼續一面划船一面舀水,最後這個老者只好扯開了嗓門叫道:「抓緊時間修好你的船吧,要不然,你就要沉下去了!」

「非常感謝你,親愛的老先生,」這個年輕回答說,「可是,你沒看到我現在這樣嗎,哪有時間去修我的船啊?」

也許,我們每個人都會遭遇上述類似的情況,使盡了全身的精力,也只能勉強浮在水面上,舀水與划船成了一切的重心。

要知道,解決問題的關鍵是找出問題的根源。如果你忽略了「船上的洞」,那麼你的「船就會下沉了」,那個著名的墨菲定律就會讓你真正感到一發不可收拾的滋味。

第十二章　墨菲定律：與錯誤共生的法則

如果我們能花點時間，解決問題的根源，而不是死命地和問題的症狀對抗，那麼我們的生活也不會如此疲累不堪。

不管是從事什麼樣的工作，我們都需要定期上岸修補船身的破洞。以下有幾點策略能夠協助你成為「補漏高手」：

接受漏洞存在的事實

「許多企業冥頑不靈地拒絕承認問題存在的事實，這樣的態度對公司的獲利造成很大的殺傷力。」哈維・麥凱這麼說道，「除非你先正視問題的存在，否則問題永遠解決不了。」

不要小題大做

人們常常用誇張的眼光來看待問題，以至於問題的裂縫看起來會比實際上大了許多。一位名人曾這樣說過：「人們需要改變的是他們看事情的角度，而不是問題本身。」不要誇大問題的嚴重性，過度反應或是「災難化」，只會讓主導大局的力量落入問題手裡，對你解決問題的能力沒有任何幫助。

不要坐等救援

接受事實，對目前面臨的問題負起責任來，這樣你可以再從危機中站起來。如果只是坐等別人來施以援手，你的船可能在救助來臨前就沉沒了。

一個真正實際的人會努力逆流而上，抵抗推諉責任與互相指責的洪流，並且把焦點放在可以解決問題的方法上。要知道，運用你的經驗和見解，才是找出最好解決辦法的關鍵。

找到可以堵住漏洞的塞子

只知道不斷分析問題，但是卻沒有適當加以診斷，以及配合行動的規劃，只會遭遇挫折。你可以盯著船身的破洞，不斷地自言自語說：「對，船身上有個破洞。」但除非你開始採取行動加以補救，否則沉船的陰影你永遠無法擺脫。

因此，你現在要做的是，拋開問題的困擾，將它們做一個了結，尋找可供選擇的方法，做出決策，找出解決方案；解決這些問題，你才能迎向新的契機。

了解問題的價值

問題是指導、洞察力以及契機的源頭，當我們以正確的態度看待這些問題時，它們帶來的挑戰會使我們振奮、充滿活力。問題能夠讓我們的思考與表現進入新的境界，同時也能夠刺激我們的心智與才能的發展。

無論你遇到什麼樣的挑戰，都要以開放的心態來看待其中的價值。當你發現自己在汪洋當中的小船正在漏水時，不

第十二章　墨菲定律：與錯誤共生的法則

妨採用這些建議，並且千萬要記住，你也可以憑著自己的力量創造出奇蹟。

墨菲定律的變種

墨菲定律一再告誡我們：事情如果有變壞的可能，不管這種可能性有多小，它總會發生。

比如你衣袋裡有兩把鑰匙，一把是你房間的，一把是汽車的，如果你現在想拿出車鑰匙，會發生什麼？是的，你往往是拿出了房間的鑰匙。

根據墨菲定律，我們要時刻提醒自己：面對人類的自身缺陷，我們最好還是想得更周到、全面一些，採取多種安全手段，防止偶然發生的人為失誤導致災難和損失。

下面是墨菲定律的一些變種，我們不妨在笑過之後，多一份理性的思考。

人生哲理

- 不要跟傻瓜吵架，不然別人會搞不清楚，到底誰是傻瓜。
- 不要試圖教狗唱歌，這樣不但不會有結果，還會惹狗不高興的。

- 不要以為自己很重要，因為沒有你，太陽明天照樣還會升起來。
- 好的開始，未必就有好結果；壞的開始，結果往往會更糟。

處世原理

- 有能力的 —— 讓他做；沒能力的 —— 教他做；做不來的 —— 管他做。
- 你若幫助了一個急需用錢的朋友，他一定會記得你 —— 在他下次急需用錢的時候。
- 你早到了，會議卻取消；你準時到，卻還要等；遲到，就是遲了。

愛情哲學

- 你帶著剛相處不久的女友上街，越不想讓人看見，越會遇見熟人。
- 你硬著頭皮寄出的情書：寄達對方的時間有多長，你反悔的時間就有多長。
- 你愛上的人，總以為你愛上她是因為：她使你想起你的老情人。

第十二章　墨菲定律：與錯誤共生的法則

生活常識

- 一種產品保證 30 天不會發生故障，等於保證第 31 天一定就會壞掉。
- 東西很長時間用不上，就可以丟掉；當東西一旦丟掉，往往就馬上要用到它。
- 你丟掉了東西時，最先去找的地方，往往也是可能找到的最後一個地方。
- 在你急需找到某種東西時，你往往會找到不是你正想找的東西。
- 一分鐘有多長？這要看你是坐在馬桶上，還是等在廁所外面。
- 在你排隊打飯的時候，另一排總是動得比較快；你換到另一排，你原來站的那一排，就開始動得比較快了。
- 在電影院裡，你出去上廁所的時候，銀幕上偏偏就出現了精采鏡頭。

第十三章
80/20 法則：效率的關鍵少數

義大利經濟學家帕雷托發現了一件奇怪的事情：19 世紀英國人的財富分配呈現一種不平衡的模式，大部分的社會財富，都流向了少數人手中。最後，這一發現被稱為 80/20 法則。

第十三章　80/20法則：效率的關鍵少數

帕雷托的神奇發現

19世紀末期與20世紀初期，義大利著名經濟學家帕雷托偶然觀察到英國人的財富和收益模式，他的研究成果就是後來著名的80/20法則。

帕雷托研究發現，19世紀英國人的財富分配呈現一種不平衡模式，大部分的財富流向了小部分人一邊，被一小部分人所占有。他的進一步研究證實，這種不平衡模式會重複出現，具有可預測性。

如果我們循著帕雷托的邏輯繼續推演，就能總結出一個簡單而驚人的結論：在任何特定的群體中，重要的因素通常只占少數，而不重要的因素則占多數，因此只要控制關鍵的少數因素即能控制全域。

這個原理經過多年演化，已變成當今管理學界所熟知的「80/20法則」，又稱帕雷托法則、二八法則、最省力法則、不平衡法則等。

80/20法則告訴我們一個道理，即在投入與產出、努力與收穫、原因和結果之間，普遍存在著不平衡關係。少的投入，可以獲得多的產出；小的努力，可以得到大的成績；關鍵的少數，往往是決定整個組織的產出、盈虧和成敗的主要因素。

透過這一法則我們可以發現：

- 在世界上，大約 80% 的資源由世界上 20% 的人口所消耗；
- 在公司的客戶中，有 20% 的客戶會為公司帶來 80% 的收入；
- 在企業中，20% 的員工為企業創造了 80% 的財富。
- 此外，約有 20% 的不小心駕駛者是導致 80% 交通意外事故的主要元凶；
- 你的電腦 80% 的故障，是由 20% 的原因造成的；
- 字典中，有 20% 的字會在你一生中組成 80% 的字句；
- 在考試中，20% 的課本知識可以在試題中得到 80% 的分數；

……

由此可見，80/20 法則無時無刻不在影響著我們的生活，然而人們對它知之甚少。

約瑟夫·福特說過：「上帝和整個宇宙玩骰子，但是這些骰子是被動了手腳的。我們的主要目的，是要了解它是怎樣被動的手腳，我們又應如何使用這些手法，以達到自己的目的。」

由於受種因素的影響，儘管帕雷托首先發現了 80/20 法

第十三章　80/20 法則：效率的關鍵少數

則，但是這一法則的重要性在當時並沒有充分顯現出來。

第二次世界大戰之後，美國的一位工程師朱倫和哈佛大學教授吉普夫開始引介和推廣 80/20 法則，終於引起了世界性的轟動。

80/20 法則的兩種應用方法

無論企業經營還是個人成長，凡是認真看待 80/20 法則的人，都會從中得到有用的思考和分析方法，可以更有效率地做事，甚至因此改變命運。

那麼如何運用 80/20 法則呢？有兩種從 80/20 法則衍生的好方法，即「80/20 分析法」和「80/20 思考法」。

80/20 分析法是以系統、量化的方法來分析因果，也就是以量化方式對原因、投入、努力與結果、產出、報酬等勾劃出一個精確的比例關係，把它轉換成百分比的數目後，就能獲得一個近似的 80/20 關係。

運用 80/20 分析法，要先假設有 80/20 關係的存在，然後搜集事實，進行統計分析。這是一項實證程式，可能匯出各種結果，自 51/49 至 99.9/0.1 都可能，但這些結果都顯示了不平衡的關係。

另外，有一點需要我們注意的是，如果我們需要用 80/20

法則作為日常生活的導師,我們需要的常常不是仔細的分析,而是立即可用的方法,所以我們更需要 80/20 思考法。

在某些方面,80/20 思考法比 80/20 分析法好用,而且速度更快。不過,在你對估計有疑慮時,80/20 分析法就可以發揮關鍵的作用。

所謂的 80/20 思考法,是將 80/20 法則用於日常生活的非量化應用。80/20 思考法和 80/20 分析法一樣,我們一開始先假設,在投入和產出之間大略估計其不平衡的關係。

為了能夠準確使用 80/20 思考法,我們必須經常問自己:「是什麼因素讓 20% 的原因產生 80% 的結果?」為此,我們必須花一點時間去做創意性的思考。

80/20 思考法比較廣泛,它是一種不太準確而且屬於直覺式的程序,包含諸多我們的思維方式和習慣。正是這些思維方式和習慣,使我們設定了哪些東西是造成生活中重要事物的原因。

80/20 思考法讓我們能辨認出這些原因,並藉以重新運用資源,進而改善問題。

80/20 思考法不要求你搜集資料,也不必認真去測試你的假設能否成立。因此,80/20 思考法有時候可能會產生誤導。

比方說,假如你辨認出一種關係了,便以為自己已經知道主要的 20% 是什麼,這樣得到的 80/20 關係並不十分準

第十三章 80/20 法則：效率的關鍵少數

確，但是傳統的思考方法更容易誤導你。因此，你還要注意到這一點。

以上是 80/20 法則衍生出來的兩種最有效的方法，具有一定的實踐意義，我們不妨在現實生活中多多加以應用。

少數與多數的正確平衡

成功的管理人與失敗的管理人之間的一個顯著的區別便是：前者懂得掌握「重要的少數與瑣碎的多數原理」，後者則恰恰相反。

那麼，80/20 法則對於管理者而言究竟意味著什麼？

我們已經明白，用 20% 的付出，就能獲取 80% 的回報，下面的問題是，那 20% 的努力和工作是什麼？管理者應該怎樣去做？

要知道，管理學家看重的是 80/20 法則這一結果展現的思想，即不平衡關係存在的確定性和可預測性。正如理察‧科克有一個精采的描述：「在因和果、努力和收穫之間，普遍存在著不平衡關係。典型的情況是：80% 的收穫來自 20% 的努力；其他 80% 的努力只帶來 20% 的結果。」

特以下面的實例進一步說明：

存貨管理制中「ABC 分類法」

該分類法系將存貨分為 A、B、C 三類。A 類代表「重要的少數」，這類存貨量少而價值高。它們應備受重視而享有最佳的存貨管制，包括最完整的紀錄、最充裕的訂貨等候時間、最小心的保管等。

C 類存貨則指「瑣碎的多數」而言。對這類物品來說，簡直不須有任何存貨管制，因為如施以精密管制，則所花的費用可能超過這些物品本身之價值。因此，在一般情況下，當負責人發覺這類物品用盡時，才設法加以補充。

B 類存貨則指介乎 C 類與 A 類之間的貨品。通常這類貨品之存貨管理可採用機械化方式，亦即當存貨量降至某一特定數量時，企業應自動增補存貨。

按事情重要性的先後順序編排任務

某公司曾經要求各階層主管指出阻礙公司利潤成長的因素，共 46 項。由於項目太多，無法同時予以解決，公司遂要求各階層主管將這 46 項因素按其重要性之高低循序予以編排，終於發現前五項因素構成了阻礙利潤成長的「重要的少數」罪魁。

第十三章　80/20 法則：效率的關鍵少數

集中時間與服務以照顧少數大客戶

　　某保險公司在偶然情況下針對其客戶之大小進行分類統計，結果發現總營業額中幾乎有 90% 的營業額來源自總客戶中不足 10% 的大客戶。這個發現促使該公司對大小客戶一視同仁的營業政策產生巨大的改變——集中時間與服務以照顧少數的大客戶。結果，該公司之總營業額及利潤即刻出現成長的趨勢。

停止生產銷售額差的產品

　　某鐘錶公司的總裁發覺該公司所生產的眾多鐘錶模型之中，約有三分之一的模型之銷售額只占銷售額的 4%，遂決定停止這些模型的製造。在其後六個月內該公司之利潤乃逐漸遞增。

減少工作時間

　　某部門主管因患心臟病，遵照醫生囑咐每天只上班三、四個小時。他很驚奇地發現，這三、四個小時內所做的事在質與量方面與以往每天花費八、九個小時所做的事幾乎沒有兩樣。他所能提供的唯一解釋便是：他的工作時間既然被迫縮短，他只好將它用於最重要的工作上，這或許是他得以維護工作效能與提高工作效率的主要原因。

以上實例告訴我們，要學會正確運用社會中普遍存在著的不平衡關係。同時也要求管理者在企業營運中，要把精力用在更有效益的工作中去。

如何挖掘「關鍵少數」的價值

長期以來，在生產觀念和商品觀念的影響下，企業行銷人員往往把行銷的重點集中在爭奪新顧客上。

許多實例證明，與新顧客相比，忠誠顧客會給企業帶來更多的利益。精明的企業在努力創造新顧客的同時，會想方設法將顧客的滿意度轉化為持久的忠誠度，像對待新顧客一樣重視忠誠顧客的利益，努力與顧客建立長期連繫。這給企業的發展帶來更好的收益。

忠誠顧客對企業發展的重要性主要表現在以下幾個方面：

◆第一，忠誠顧客可以給企業帶來直接的經濟效益

經濟學家的研究顯示：重複購買的顧客在所有顧客中所占的比例提高5%，對於一家銀行，利潤會增加85%；對於一位保險經紀人，利潤會增加50%。

◆第二，忠誠顧客也可以給企業帶來間接的經驗效益

這主要是因為：忠誠顧客的推薦促使新顧客光顧。個人的購買行為必然會受到各種群體的影響，其中，家庭、朋

友、領導和同事是與其相互影響的一個重要群體,這個群體會使每個人的行為趨向於一致,從而影響個人對商品和品牌的選擇。

◆第三,忠誠顧客是企業長期穩定發展的基石

相對於新顧客來說,忠誠的忠誠顧客不會因為競爭對手的誘惑而輕易離開。對於企業長期發展來說,最寶貴的資產不是商品或服務,而是顧客。

由此可見,盲目地爭奪新顧客不如更好地保持忠誠顧客。越來越多的企業認識到了忠誠顧客對企業的價值,他們把建立和發展與顧客的長期關係作為行銷工作的核心,不斷探索新的行銷方式。

另外,運用80/20法則,還可以幫助我們更深地挖掘出一些關鍵顧客的價值。

在行銷過程中,企業不僅要對顧客進行「量」的分析,而且要進行「質」的分析。有些關鍵顧客,或許他們的購買量並不大,不能直接為企業創造大量的利潤,卻可以對其他顧客產生較大的影響。

比如:現在很多企業都使用產品代言人的策略,請影響力很大的歌星、影星或其他知名人士為自己的產品做宣傳,這樣,企業會在市場推廣、企業形象宣傳、公共關係等方面獲得許多難以估計的潛在「利潤」。

運用 80/20 法則,就是指顧客中 20% 的「關鍵人物」占有著我們 80% 的營業額。簡單地說,即如果你挖掘顧客中這 20% 的「關鍵人物」的價值,提供給他們很好的服務,你就能確保 80% 的營業額。

成功的人若分析自己成功的原因,就會知道,80/20 法則是正確的。80% 的成長、獲利和滿意,來源於 20% 的顧客。所以公司至少應知道這 20%,才可以清楚地看見公司未來成長的前景。

提高「關鍵少數」的競爭力

一個組織在激烈的市場競爭中獲勝的必要條件是核心競爭力。競爭環境的變化,要求組織不斷調整和強化核心競爭力。

組織的核心競爭力,表面上看,是展現在產品開發、性能改進和生產成本節約等一系列過程中的領先技術與工藝,但實際上,應該是創造、掌握和(或)運用技術與工藝的人,即組織中「關鍵少數」成員所具有些人力資本。

正如上文所說,人力資本理論突破了傳統理論中資本只是物質資本的束縛,將資本劃分為人力資本和物質資本。我們主要從人力資本來闡述其與 80/20 法則的內在關係。人力資本有自學習功能和使用價值增值性。但是,人力資本的自

第十三章　80/20 法則：效率的關鍵少數

學習活動，並不一定沿著組織所希望的方向發展，使用價值的增加也不一定能夠滿足組織發展的需要。

由此可見，為了保持、擴大或者贏得生存與發展空間，組織必須採取措施，不斷提高「關鍵少數」成員組織專用性人力資本的競爭力。

那麼，專用性人力資本怎樣才能獲得呢？可以透過挑戰實際工作的「鍛鍊」和專用性技能的「培訓」兩條途徑來獲得。

在鍛鍊與培訓過程中，應該注意發揮「比馬龍效應」，即要相信、鼓勵、支持、肯定受訓員工。管理者可以透過一些激勵性語言來鼓舞員工的士氣。事實證明，此法可以大大激勵員工取得顯著的培訓績效。這對於提高團隊中「關鍵少數」成員的競爭力有很大的幫助。

激勵根源於需求。當行為主體的需求未滿足時，就會出現心理緊張，進而在身體內產生內驅力，去尋找能夠滿足需求的目標。目標一旦找到，需求得到滿足，心理緊張即告消除。然而，人的需求是無限的，舊的需求得到滿足，新的、更高層次的需求就會產生。需求的層次越高，滿足的難度越大，激勵的因素越複雜。

「關鍵少數」成員的需要非同一般，按照馬斯洛的需求層次理論，應該是達到最高和次高層次的需求──自我實現和

尊重需求。因此，只有提供滿足這兩種需求的條件或機會，才可能產生有效激勵。

另外，在鍛鍊與培訓過程中，更應該注意成本和收益的分析，爭取收益最大化。

如果人力資本產權關係確定、邊界明晰、使用權和收益權的實現有保證，就可以放任「馬太效應」，使強者更強；如果組織對於其所投資人力資本的使用權、收益權實現沒有十分把握，那麼，就應該在強化人力資本產權關係的同時，注意採取分散投資策略，避免「把雞蛋放在一個籃子裡」──把鍛鍊與培訓的機會集中於某一位或某幾位員工。

這主要是因為，人力資本品質越好、品位越高，越容易成為「獵頭公司」的目標，流失的可能性越大。而一旦流失，將使組織的投資付諸東流。而且，還有可能發生洩露組織技術或商業祕密的情況，使組織蒙受更大損失。

要想提高「關鍵少數」成員的競爭，投資「關鍵少數」成員的人力資本是必要的，但需要建立有效的收益權實現機制，防止人員流失所帶來的損失。

因此，在目前的條件下，投資方與被投資方自願選擇，簽約投資，履約使用，違約賠償，應該是組織維護收益權的最佳選擇。

第十三章　80/20 法則：效率的關鍵少數

> **通往成功的最有效途徑**

　　80/20 法則，不僅對於一個企業有著深遠的意義，而且也時刻影響著你的個人生活。

　　你也許讀過很多關於 80/20 法則的文章，但像大部分知道這個法則的人一樣，你並沒有充分利用它來發揮出它的驚人潛力。

　　大部分聽說過這個法則的人在他們浪費自己生命的時候，對它的想法最多也就是一閃而過。然而 80/20 法則能協助個人和公司用更少的時間、金錢和精力實現更大的成果。

　　為了能在生活中得到更多的成功，你可以根據 80/20 法則，試著比社會中的普通人少工作一些，但要多思考一些。毫無疑問，80/20 法則能讓你用很少的精力去實現許多的成功。你能少做一些工作，多賺一些錢，而且能讓你前所未有地享受自己的個人生活。

　　也許你正在感到奇怪，如果 80/20 法則如此有效，那麼每個人為什麼不用呢？

　　答案很簡單，它需要具有創造性的思維，而且它還需要你成為與眾不同和非傳統的人。這兩個要求使得絕大多數人都無法運用它。很多人被捲入了很多的經濟事務中，但他們根本就沒仔細想過自己為什麼會參與其中。結果，他們在沒

有成果的活動上耗費了自己大部分的精力。因此他們不斷地感到自己壓力過大和時間匱乏。

「最重要的事情，」歌德說，「可千萬別被那些最不重要的事情隨意擺布，永遠不要。」決定什麼重要並確保自己集中精力做好這些事情的能力，是擁有平衡的生活方式的基本條件。

假如你非常容易就把自己 80% 的時間花在一些不重要的事情上，那麼你就一定要重新評估一下自己想要在這些事情上花多少時間。為了能讓你的時間利用率得到最大優化，你一定要拋開 80% 的那些只會給你帶來 20% 成果的活動。如果你能至少消除自己一半的低價值活動，那麼你就會有充裕的時間來享受生活中的休閒娛樂。

採用 80/20 法則，還可以幫助你在一個正常的工作日內創造的成果是普通人的兩三倍。一個優秀的管理者總會對你進行嘉獎，你的收入將能夠反映你的效率。如果你能限制自己只在正常工時內工作，那麼在工作和生活之間擁有一個最佳的平衡就很容易的事情。問題在於，你是否這樣去做了。

你一定要在生活的各個方面都完全貫徹 80/20 法則，只有這樣才能讓你的生活正常運行並運行得很好，你一定要消除那些低價值的活動。與社會普遍認為的相反，要實現有成就的人生，關鍵是你努力工作的程度要讓你過上舒適的

第十三章　80/20 法則：效率的關鍵少數

生活，如果能少做就少做點事情。80/20 法則能讓你做到這一點。

透過對 80/20 法則的運用，你不僅能在生活和工作之間創造出優異的平衡，而且你還將發現當你能用少許的精力和時間創造出許多的成果和金錢的時候，工作會變得更令人愉快。

謹慎使用 80/20 法則

在管理中關鍵的 20% 可能是在非關鍵的 80% 滋養下才成功的。

根據 80/20 法則可知，在眾多影響組織成敗的因素中，發揮決定性作用的往往是少數，而起輔助性作用的因素則占多數。

在管理過程中，只要花大力氣抓住了那些舉足輕重的少數關鍵因素，花少量精力關注那些無足輕重的多數一般因素，則就可以事半功倍，基本上能夠穩操勝券了。

美國、日本一些國際知名企業，經營管理層很注重運用 80/20 法則指導企業經營管理運作，隨時調整和確定企業階段性 20% 的重點經營要務，力求採用最高效的方法，使下屬企業的經營重點間接進入狀況、抓到位、抓出成效。這也就

是為什麼美國和日本的企業雖然很大，但管理得有條不紊、效益優良。

從本章的種種闡釋中，80/20法則無疑在眾多領域裡發揮了重要作用。但有一點我們要引起注意，那就是運用80/20法則有其嚴格的前提假設，離開這些假設來談論該法則的普遍適用性，無疑會產生誤導。

■ 第一，假設具備事前判斷關鍵與非關鍵事務所需的各種資訊，否則就無法有效區別關鍵少數與一般多數。
■ 第二，假設所找到的關鍵事務或環節等是可調整控制的，即「80/20法則」所涉及的關鍵因素是人類群體理性選擇的結果，它是一種人類決策可改變、可利用的規律。
■ 第三，假設少數關鍵要素與多數一般要素這兩者之間互為獨立不相關。

在上述三個前提假設不符合的情形中，如果盲目使用80/20法則，試圖據此調整工作重點，實現提高管理效率與效益之目的，其最終結果完全有可能掉進管理者自掘的陷阱之中。

另外，關於80/20法則，在使用中還要注意這樣兩點：其一，要以符合一定的前提假設為先決條件；其二，將20%與80%看成是一個整體。

第十三章　80/20 法則：效率的關鍵少數

在重視 20% 關鍵工作的同時關注 80% 非關鍵工作，在保持關鍵與非關鍵的差異張力的前提下提升整個系統的水準，也就是從 20% 入手，帶動其餘的 80%，這才是整體協同發展之道。

第十四章
叢林法則：競爭中的生存智慧

在一個叢林裡，適者生存是最基本的法則。叢林法則不只一條，我們要在競爭中尋求合作，在競爭中尋找自己的位置，在競爭中尋找一切可以成長的機會。

第十四章　叢林法則：競爭中的生存智慧

高斯的生物實驗

在一個叢林裡，適者生存是最基本的原則，但個人的力量始終是微小的，不但不足以應付其他的競爭者，也不足以應付客觀的環境。在這個時候，人需要結成同盟來增強自己的力量，以此來打敗別人並走出叢林。

但是在一個叢林裡，合作與競爭並不是一件簡單的事情，它是需要許多限制條件的。

為此，著名科學家高斯對小生物做了一個非常有趣的實驗：他把同科但不同種的兩隻生物，放入一個個限量食物的玻璃容器中，這兩隻小動物依靠密切合作和分享食物，結果牠們都存活了下來。

高斯又把兩隻同種的原生物放入玻璃容器中，容器中的食物量與前面那個容器中的相同，這一次，兩隻動物為爭食而戰鬥，結果牠們全部死亡。

以上兩種現象被稱為「高斯競爭排除原則」。

同時，高斯還得出了另一個結論：只有稀有資源不只一項的情況下，兩個競爭物種才能共存。兩個族群中的一個若造成另一個族群成長率降低，這兩個族群就會相互競爭。

高斯還從原生物的鬥爭中發現三個不同的結果：

■　兩個物種同時侵犯對方，牠們之間的界線被打破，最

後，牠們共存於同一個空間。
- 如果只有其中一個物種侵犯另一個物種，最後，侵犯者獲得支配，被侵犯者則死亡。
- 兩個物種都互不侵犯，達成「雙穩定」，這樣，雙方由於勢均力敵而確保各自的和平。

從高斯的競爭排除原則中，我們可以看到：你與你的競爭者至少要有一些差異；如果你發現與你的競爭者沒有差異，那麼無論如何也要創造一些差異。

如果兩個同種的生物在同一個空間裡競爭同樣有限的食物，他們會自相殘殺；如果他們彼此有所差異，就可能合作而同時共存下來。

尋找新的利基

每個行業中幾乎都有些小企業，它們專心關注市場上被大企業忽略的某些細小部分，在這些小市場上透過專業化經營來獲取最大限度的收益，也就是在大企業的夾縫中求得生存和發展。

這種有利的市場位置在西方稱之為「Niche」，海外通常譯作「利基」。占據這種市場位置的企業，稱為市場利基者。

現代行銷之父菲利普・科特勒這樣給利基下定義：利基

第十四章　叢林法則：競爭中的生存智慧

是更窄的確定某些群體，這是一個小市場並且它的需求沒有被服務好，或者說「有獲取收益的基礎」。

行銷者通常確定利基市場的方法是，把細分市場再細分，或確定一組有區別的為特定的利益組合在一起的少數人。如果細分市場相當大，會吸引許多重量級的競爭者，而利基市場相當小並只吸引一個或少數競爭者。

一個小型企業要想在大企業的夾縫中求得生存與發展，必須要找到一個新的利基，才會在原有的基礎上有所突破和創新。

一個新的利基可能是特定的顧客、特定的區域市場、特別的銷售通路、特定的產品、特別的技術，或其他任何差異性的特徵，但在這些因素當中至少有一項是你公司獨有的。否則，你與競爭對手就是屬於同種，你將會在這個都市叢林中滅亡。

管理顧問專家亨德森曾這樣說：「想要競爭中取勝，必須在特定的時間、地方、產品以及顧客組合上，擁有壓倒所有競爭對手的獨特優勢。與競爭對手有所差異，是自然界生存競爭的先決條件，這些差異可能不是很明顯，然而那些在同一時間、同一地方，以完全相同方式競爭的生存者不可能興旺發達。」

另外，我們還要注意到競爭中的對等關係。如果你的對手能夠進入你的領域，而你卻無法進入他的領域，那麼，你

的公司就處於一個極脆弱的態勢。如果你現在是處於這種情況，千萬不要停留於此！你必須尋找一個新的利基，如果你做不到，而企業現在仍然贏利，那麼就要趁早把它賣掉！

由此可見，找到一個新的利基，是一個企業在都市叢林裡戰勝競爭對手的法寶，是其走上興旺發達之路的基礎。

掌握競爭規則

每個競爭市場中都有一定的競爭規則，只有掌握好這一規則，我們才能立足於這個社會叢林中。

讓我們先來看這樣一則叢林裡的寓言故事：

在一個大山裡，有一棵枝繁葉茂的大樹，它的枝幹舒展擴張，占據最有利的呼吸空間，它的根系盤根錯節，絲絲入扣，吮吸著大地最多的精華。可是，在大樹的身邊，幾個弱不禁風的小樹卻在痛苦中掙扎，枝幹瘦弱，葉子泛黃。

一天，一棵小樹悠悠地盯著大樹說：「你已經有了如此輝煌的成就，為什麼還要與我爭奪生存的空間，你處處得天獨厚，為什麼卻要限制我的發展？」

大樹冷冷地說道：「這裡是叢林，競爭就是叢林法則，因為你的生長對於我來說是個威脅。」

從寓言中我們可以看到，無論是自然界，還是社會中，每個物種都處在一個充滿競爭的世界，這裡沒有田園生活，

第十四章　叢林法則：競爭中的生存智慧

只有後工業時代的競賽。每個人都無可避免地把自己置身於一場場競賽之中，不是成功就是失敗。

要想在這場競賽中取得成功，自己需要掌握好競爭的規則。

競爭的需求

雖然是競爭時代，但能夠不競爭的最好不要引發競爭。多一個朋友多一份力量。競爭，除非是不得不進行的，否則少競爭為妙。

競爭的動力

讓自己存活下來而不是為了打擊對手。如非出於很強烈的需求，不要升級競爭。競爭在某種程度上會達成一種平衡，升級競爭則把平衡破壞了，形成惡性競爭。這對雙方都是不利的。

競爭的對象

選擇好對手很重要。在自己力量還弱小的時候，千萬不要選擇過於強大的對手，以卵擊石不會有好的結果。最好能選擇弱小的對手，在打擊對手中成長自己。

競爭的方向

「快」、「好」、「能幹」、「聰明」都是相對的形容詞，有的時候，知道自己競爭的對手是誰是非常重要的。要成為頂尖人物，你不需要比所有的人強，只要強過自己的對手或者同行就行了，這樣就足以使你顯得出類拔萃。

競爭的方式

競爭方式最好是和平的，彼此之間作君子之爭。不要試圖去展現小人伎倆，因為小人伎倆太簡單，誰都會。你用小人伎倆去打擊了別人，別人也能用同樣的方法回敬你。

叢林中人需要明白的一點是：世界本來就是競爭的。在競爭中生活下來，保持一定的平衡，這個結果是最佳的。

共存與雙穩定

高斯的研究對雙穩定與共存作了有趣的對比，共存是真正的競爭，任何一方都能侵犯對方；雙穩定則是任何一方都不能侵犯對方，因此雙穩定是一種並不存在的競爭。

讓我們再次走入叢林中，來看看小草和大樹之間是如何達到這種平衡的。

第十四章　叢林法則：競爭中的生存智慧

　　一棵小草剛剛從土的縫隙探出嫩黃的小臉，羞澀地輕搖著自己纖細的腰肢，張望著這個陌生的世界。這時，一滴雨露從身邊大樹的枝幹上滴下，又是一滴，這珍貴的甘露滋養著饑渴的小草，草兒蓬勃地成長，她抬起頭：「謝謝您！大樹先生，謝謝您的慷慨和大度。」

　　「哈哈……」大樹寬厚地笑了起來，笑聲在叢林中盪漾：「別客氣，我們同在一個叢林，互相依偎，互相幫助是叢林的法則。盡情地長吧，我會盡一切可能幫助你的。」

　　小草感動地流出了晶瑩的淚滴。

　　從某種意義上講，在一個叢林中，小草和大樹之間的生長，不存在真正的競爭，他們的互相幫助進入了一種雙穩定的模式。

　　可見，雙穩定隱含兩族群彼此並非真正的競爭者，他們相互之間被排除在對方的領域之外，這種情況在企業界相當普遍。

　　一個產業可能看起來競爭很激烈，然而每一個競爭者都有不同的顧客、不同的銷售通路，或者其他差異化因素形成屏障，因此在每一個區隔中，不同商家能夠擁有高市場占有率和高營利率。

　　從共存的角度來看，一個有許多共存競爭的市場，往往是處於競爭相持不下的局面，沒有任何一方具有優勢，市場占有率沒有多少經濟價值上的意義。

在這種情況下，競爭者相互競爭顧客的結果，是使同行都成為輸家。要突破共存局面，你必須要能與所有競爭者有所差異。

在一個叢林中共同成長，要想突破共存達到雙穩定的狀態，就要實行差異化策略，尋找具有足夠贏利空間的新的利基市場，只有這樣企業才能向更高更遠的方向發展。

鹿退化成「羊」的警示

日本一個專門從事飼養工作的動物園的管理者發現，他飼養的鹿變得越來越懶了，奔跑起來已經沒有以前那樣迅速、矯健，有退化成「羊」的危險。

管理者苦思冥想，終於想出了個辦法，他找來幾隻凶猛的狼放進園子裡。這個辦法真有效，那些鹿又重新煥發出生機，生存技能明顯提高。

人也一樣，人只有在面臨著威脅時，他才更能提升自己的能力。

現在社會，競爭日趨激烈，優勝劣汰，勢所必然，只有自己的能力不斷地提高，才能應付將來道路上的風風雨雨。在自然界叢林，一棵小樹只有經受風雨的洗禮，才能長成參天大樹。

第十四章　叢林法則：競爭中的生存智慧

當你面對強勁的對手，千萬不要因為害怕而逃避，那只是掩耳盜鈴的做法，不但放棄了提升自我能力的機會，也放棄了你的工作前程，你更應該充實自己，提高自身的能力。

在競爭的擂臺上，終不免有一個會倒下，但是，縱然失敗了，在這次磨練中你所獲得的經驗也足矣，因為它能使你在以後的更多競爭中立於不敗之地。

在叢林，當一棵大樹看到另一棵小樹生機蓬勃地生長，心裡不免會產生感慨。同樣，一個原本優秀的管理者看到新人的綜合素養超過了你，難免會有些傷感，但你應該從容地接受事實，重新認識自己，並容納競爭對手，這才是要成為領導者不可缺少的素養。

在這個社會叢林中，你也會產生上述的心理，其實，這又何必？你應該充分相信自己，寬容大度，冷靜地看待這件事。

事實上，每個人都有自己的優勢，而且這些優勢往往都是別人替代不了的。當你包容了一個人，那麼你就多了一個人的優勢，當你包容了一個部門的人，那麼就能發揮一個部門的優勢，而你作為凝聚這個團體的樞紐，也就有了領導人的氣質。因為當領導人重要的不是工作能力有多強，而是能夠讓團隊中的每一個人都發揮他們的才能。

由此可見，面對強勁對手的時候，不要心懷妒忌，不要

自甘沉淪，而要充分相信自己的能力，給對方一個充分發展的環境，或者公平競爭，或者以平常心看待他人。

優勝劣汰，適者生存

無論是個人，還是集體，要想在社會這個大叢林裡有所建樹，必須要學會適應環境。面對不斷變化的社會環境，我們必須做出不同的反應，適應不同的變化。這樣，我們才能生存、才能發展。

只要生存就會有競爭，只要有競爭，叢林裡的故事就會不斷地上演。

叢林裡，小草還在不斷地長高，可是每當她長到一定的高度就無力地倒下，在她倒下的地方繼續生根發芽，她一次次地長高，一次次地倒下，終於長成柔美的草坪。

「你在幹什麼？這麼賣力地生長。」小樹低垂著頭，不解地問。

「是偉大的樹，他的慷慨滋潤了我，他鼓勵我成長，我不能辜負他的希望。」

小樹搖搖頭：「他才不慷慨，你瞧他把我擠成什麼樣，我都要餓死了。」

「但這是為什麼？他會如此的不同。」小草不解地問道。

「因為你的生長不會對他構成威脅，你精心地照顧著他腳

第十四章　叢林法則：競爭中的生存智慧

下的土地。」小樹若有所思地說：「適者生存，這是叢林的法則。」

正如達爾文所說，自然界的規則就是優勝劣汰、適者生存。例如：生活在褐色田野中的綠色蟲子，如果不改變膚色，生存就可能受到威脅。

叢林法則是殘酷的——適應或者消失！可惜極少有生物學老師會提醒學生：「千萬記住，這是人生最重要的課題——學習適應。」

人是在不斷適應環境的過程中，提升自己、尋找發展契機的，而這是需要他人支援和提攜的。所以，一個人進入社會一定要適應各式各樣的環境和各種不同的人，只有適應了才能更好地進步。

對於身處漸變環境中的人來說，可能對變化不太敏感，而等到發生大的變化就來不及應付。

因此，我們要對外部環境保持高度的敏感性，對細小的變化提高警惕；保持工作的熱情，不要滿足於現狀，安於現狀；不要安於現實的安逸環境，不能大意、鬆懈，或者掉以輕心。

其實我們都明白，沒有什麼東西是一成不變的，所以要不斷地適應環境。

好高騖遠者得不到禮物

一次，所羅門把一個小男孩帶到一片稻田跟前說：「你不是想要一件貴重的禮物嗎？我可以賞給你，但你要替我做一件事情：把這片稻田裡最大的稻穗選出來，拿給我。」

小男孩高興地答應了。

「但是，我有一個條件，」所羅門接著說，「你在經過稻田時，要一直向前走，不許停下來，也不能退回來，更不能左右轉彎。你要記住，我給你的禮物，是與你選擇的稻穗大小成正比的。」

當這個小男孩從稻田裡走出來後，什麼禮物也沒有獲得，因為他一路上總是嫌所看見的稻穗太小了。

在現實生活中，不少年輕人也像這個小男孩一樣，初入社會這個大叢林中，總想選擇高職位、高薪的位置，但是事與願違。就這樣折騰了幾年之後，好工作依然沒有找到，而當初跟自己一起畢業的人，已經由普通職員升到了管理者。此時，你感覺到的只是後悔、羞愧。

你要明白，公司不管大小，職位無論高低，只要你肯去做，必然會有收穫。何況，你走出校門步入社會，其目的是為了實現自己的人生價值。

在這一原則下，任何工作興趣都可以培養起來，因為每一個行業都有發展的機會。你要做的是，在一切競爭中尋找

第十四章　叢林法則：競爭中的生存智慧

一切可以成長的機會。

人生中最大的浪費就是選擇的浪費，這也是最容易被忽視的浪費。選擇是需要成本的，只要你認真選擇了一份適合自己的職業，就應當努力堅持下去。

最大的報酬

對於一個企業來說，一個企業有著自身壯大的需求，為了下一輪更大規模的生產，必定要將員工們所創造的產值的一部分積留下來。

世界的進步總是需要有人使用積留價值來參與下一輪更大規模的生產的。企業所賺到的錢，所贏的利，肯定是不能全部分配給員工作為勞動酬勞的。

對於一個個體來說，個人的成長過程，是一個從弱變強的過程。在社會叢林中生存，從一開始他什麼都不知道，到後來他懂得許多，懂得的東西多了，也就變得強了。因為他學會了不斷去適應環境，在環境中找到了生存的法則。

很多時候，衡量一個人的強弱並不是看他所擁有的財富的多寡、權力多大。因為，只要生命不止，人就存在著變化的可能，他的強弱隨時都在發生著變化。

金錢和權力是一種實在的東西，透過它可以看到一個人

目前的強弱；知識與經驗是一種更高層次的東西，它的多少決定著人的強弱變化的速度；心態與性格又是比知識、經驗更高層次的東西，可以決定著經驗、知識的累積速度。

好的心態和性格會讓你在工作中不計較得與失，會讓你在忘我的工作中，抓住更好的機會。

大多數的成功者在獨立經營自己的產業之前，他們對待工作都是一絲不苟的。因為比常人更加投入賣力，也就獲得了更多的機會，學到了更多的東西，累積起更多的資金，也就比常人更懂得這一行業，然後輕鬆步入「老闆」的行列中去了。

世界的進步是艱難的過程，人的成長同樣是艱難的過程。

當你為老闆多創造 500 份產值的時候，老闆給你的獎金或許只是 5 份。你會覺得這很不合理，覺得自己很吃虧。但這就是事實，你只能接受。

一旦你甘願接受這種不合理的分配的話，你肯定也能獲得比旁人更多，學到更多，也比常人更快一步地成長起來，比他們早一日成為老闆。因為，機會就是他對你的最大的報酬。

行走在社會叢林裡，每一步都是艱難的。從不會到會是一個艱難的過程，其中不知道要經過多少失敗。因而，每個

人都不妨把眼光放長遠一點，勤奮一點，多為老闆做點事情，爭取得到新的機會。學會之後，自然可以得到你所追求的東西！

木秀於林，風必摧之

傳統教育不鼓勵人們拔尖和太突出，俗話說：木秀於林，風必摧之，其中固然會在這講求即時效率的現代風氣下，讓人表面上好像吃了虧，但其中也蘊含著很值得深思的智慧。

下面這個叢林故事會讓我們得到更多的啟示：

在一個夜晚，山裡刮起了強勁的颱風，風聲鶴唳，萬木蕭瑟。當太陽升起的時候，風停了，大樹折斷了樹幹，龐大的身軀零亂地趴在地上。

他看看身邊的小樹：「這麼大的風你怎麼沒事？我如此堅強都不能倖免於難，而你卻是如此弱小。」

小樹在風中招搖著自己的身體，陽光暖暖地照在自己的葉子上：「你總是過於求大求高，你卻忘記了樹大招風，木秀於林，風必摧之，懂嗎？這也是叢林法則。」

顯然，在社會這個叢林裡，人生就像一場長跑，會有很多的意外情況發生。一開始跑在前面的人，往往無法贏得冠軍。

由於現代生活強調競賽、崇尚新奇，很多人只求一時顯赫，不管長遠功業，形成一種「潮流」，才使人誤以為，唯有迅速適應、爭著表現、不擇手段地爭取一時出頭的機會，才是成功。他們忽略了重要的一點：生活中真正有內涵、有深度、值得欣賞的偉業，並不能用這種速食的方式去完成。

人們常說「人生就像一場馬拉松」，在馬拉松中，你不一定一開始就使出渾身解數，跑到隊伍的首位，不肯有半點落後是危險的。要知道人生道路坎坷不平，你為什麼不讓別人跑到前面給你當前鋒呢！你只要不墊後就行了。

隨著社會競爭的加劇，人們一味地要求自己不斷競爭、不斷表現，促使自己不擇手段地去爭取，這是一種鼠目寸光的現象。

人們為了急於有所成就，得到快速的「成功」，因而只以搶在別人前頭為勝利，有時即使對社會造成負面影響也在所不惜。這種對「爭先」的重視，使得人人自危，而周圍都是對手。

現代人所謂的「競爭」，就是肯定了環境中的每一個人都是自己生存的敵手；所謂的「成功」，就是「你搶到了，他沒有搶到」。

相比之下，所謂的失敗，也就是：在一場短暫而又不見得有價值的爭搶之中，那眼疾手快的搶到了，而你卻沒有搶

第十四章　叢林法則：競爭中的生存智慧

到。並不問那搶的東西是否有價值,「搶」的本身即為目的。

一輪又一輪,一波又一波的,盲目地爭搶,就斷定了所謂的優劣與成敗。

這種爭先恐後、迫不及待的做法,往往使人陷於心浮氣躁之中,使人很難冷靜下來思考自己所面臨的「長跑」:它全程總共有多長?自己都需要哪些方面的條件才能跑完全程?

要知道,人一旦丟失了起碼的耐心就變得可笑又可悲。

第十五章
酒與汙水定律：抓出害群之馬

酒與汙水定律是指，如果把一匙酒倒進一桶汙水中，你得到的是一桶汙水；如果把一匙汙水倒進一桶酒中，你得到的還是一桶汙水。

第十五章　酒與汙水定律：抓出害群之馬

是酒還是汙水：如何判斷

如果把一匙酒倒進一桶汙水中，你得到的是一桶汙水；那麼，如果把一匙汙水倒進一桶酒中，你得到的是酒，還是汙水呢？

答案不言自明，它還是一桶汙水。總之，兩者之間有一方進入另一方，得到的結果都是一桶汙水。

根據這一結果，我們得出了「酒與汙水定律」，這一現象也普遍存在於企業內部。

幾乎在任何組織裡，都存在幾個難纏的人物，他們存在的目的似乎就是為了把事情搞糟。他們到處搬弄是非、傳播流言、破壞組織內部的和諧。

最糟糕的是，他們像果箱裡的爛蘋果，如果你不及時處理掉，它會迅速傳染，把果箱裡其他蘋果也弄爛，「爛蘋果」的可怕之處在於它那驚人的破壞力。

因此，酒與汙水定律告訴我們：一個正直能幹的人進入一個混亂的部門可能會被吞沒；而一個人無德無才的人能很快將一個高效的部門變成一盤散沙。這主要是因為，組織系統往往是脆弱的，是建立在相互理解、妥協和容忍的基礎上的，它很容易被侵害、被毒化。

破壞者能力非凡的另一個重要原因在於，破壞總比建設

容易。一個能工巧匠花費時日精心製作的陶瓷器，一頭驢子一秒鐘就能毀壞掉。如果擁有再多的能工巧匠，也不會有多少像樣的工作成果。

如果你的組織裡有這樣的一頭驢子，你應該馬上把牠清除掉；如果你無力這樣做，你就應該把牠拴起來。

發現團隊中的「爛蘋果」

對於一個組織來說，人員是無價之寶，它是一個企業的人力資本。

但是人員也會成為問題，對於這一點，大家都很清楚。總有那麼一些人工作表現差，公開製造麻煩或到處散布謠言，影響組織的整體效益。

這樣的人就是「酒中的汙水」，我們也可以毫不客氣地把他們稱之為「爛蘋果員工」。他們的毒素是會傳染的，如不及時剔除，將會汙染整個組織，最終將公司搞垮。

爛蘋果員工是一個企業真正的麻煩所在。企業的缺勤率、事故率、員工流失率、顧客流失率和低效率，往往都是這些人導致的結果。這些員工代表了一種負面的力量，其作用是瓦解，而不是增加企業的效益。

爛蘋果員工存在於組織的各個階層、工種和團隊。在很

第十五章　酒與汙水定律：抓出害群之馬

大程度上,爛蘋果員工抵消了敬業員工的業績。他們阻滯企業發展,瓦解企業利潤,他們是顧客服務的活生生的障礙。

如果一個企業裡存在像爛蘋果這樣的員工,那麼我們應當怎樣去發現爛蘋果,怎樣去預防爛蘋果呢?

人畢竟不比蘋果,爛蘋果之所以能稱之為「爛蘋果」,是因為大家已經有「爛」的標準,而人就沒這麼簡單了,沒有所謂「爛」的絕對標準,或者即使有也未必能夠像蘋果一樣明顯地區別出來,你眼中的「爛蘋果」在別人眼中未必是「爛蘋果」,因此,不能輕易定義別人為「爛蘋果」。

因此,你應該學會正確區分「爛蘋果」:

首先,要想發現「爛蘋果」,你必須具備一雙慧眼,而慧眼的煉就主要取決於平時觀察他人經驗的累積,以及對人性心理學有一定的研究才行。

其次,要想預防「爛蘋果」,你得是個「有心人」,隨時留意周圍人的言行舉止,用自己心中的「秤」去判斷其是否屬於「爛蘋果」,並防微杜漸,在「蘋果」開始變「爛」的時候就將其剔除出去。

最後,要想剔除「爛蘋果」,不要給「爛蘋果」再次「腐爛」的機會,該除的時候堅決不能手軟。

當然,要注意的是,很多時候公司確實存在「不在其位,不謀其政」的隱性規則,沒有權力沒有地位不要隨便幻

想靠自己微薄的力量去剔除「爛蘋果」，一個不小心，「爛蘋果」沒去，「好蘋果」先走了。

爛蘋果員工的常見缺點

做事馬虎，心不在焉

做事馬虎、心不在焉，是爛蘋果員工的一大缺點，這也是導致他們最終失業的原因之一。

有些時候，爛蘋果員工也會裝出一副很敬業的樣子，但結果總無法令人滿意。懶懶散散、漠不關心、馬馬虎虎的做事態度似乎已經變成了常態，除非苦口婆心、威逼利誘，或者奇蹟出現，否則沒有人能夠讓爛蘋果員工一絲不苟地把事情辦好。

他們在學生時代就養成了馬馬虎虎、心不在焉、懶懶散散的壞習慣。隨著學業的結束，他們又把這些惡習帶入社會，一旦這種人成為主管，其惡習也必定會傳染給下屬。如果他們是一個管理者，部門工作必定一塌糊塗。

不學無術、淺嘗輒止

在自然界，每一個物種都在發展和加強自己的新特徵以求適應環境，獲得生存空間。生命的演化如此，生活和事業

第十五章　酒與汙水定律：抓出害群之馬

的發展也是如此。

泛泛地了解一些知識和經驗，是遠遠不夠的，多才多藝往往使許多人失去成功的機會。企業掌握好幾十種職業技能，還不如精通其中一兩種。什麼事情都知道些皮毛，還不如在某一方面懂得更多，理解得更透徹。

因此，無論任何時候，你必須不停地加強和豐富自己的專業知識，依靠艱苦的訓練，強化自己的專業地位，直到比你的同事知道得更多。如果你無法比他人做得更好，就別想超越他人，就無法形成自己的核心能力。

許多「離成功只有一步之遙」的人，恰恰因為缺乏最後跨入成功門檻的勇氣而功敗垂成，這是他們為淺嘗輒止所付出的沉重代價。

牢騷滿腹、凡事拖延

在我們周圍，你會發現，有許多失業者，他們充滿了抱怨和痛苦。然而他們所抱怨的並不是導致失業的最主要原因，恰恰相反，這種抱怨的行為剛好說明他們倒楣的處境是自己一手造成的。

要知道，社會需要那些受過良好的職業訓練、勤奮敬業的員工，和那些具有非凡才幹、忠誠守信的管理者，而不是投機取巧、馬虎輕率、嘲弄抱怨的平庸勞動力。

習慣的拖延者通常也是製造藉口的專家。如果你存心拖延、逃避，你就能找出成千上萬個理由來辯解為什麼事情無法完成，而對為什麼事情應該完成的理由卻想得少之又少。

如果你發現自己經常為沒做某事而製造藉口，或想出千百個理由為事情未能按照計畫實施而辯解，那麼勸你最好還是自我反省一番。

說話刻薄、吹毛求疵

人最大的缺點莫過於看不到自己的缺點，反而對別人吹毛求疵。當你向別人控訴老闆刻薄時，恰恰證明你自己是刻薄的；當你說公司管理到處是問題時，恰恰就是你自己出了問題。

因此，不要吹毛求疵，這不僅是一個做人的原則，也是一種建立在自然法則基礎上的商業法則。

獎賞只會給那些有用的人。如果希望能對老闆、對公司有真正的幫助，就應該保持寬容心，以一種平和誠摯的態度來告訴自己的老闆，他的管理存在一些弊端，而沒有必要激起他的不滿，更沒有必要與之上升到對立的地步。

每個人都有缺點，但除此之外，也有長處和優點。正確的心態應該是看到他人優秀的本質。

第十五章　酒與汙水定律：抓出害群之馬

自以為是、眼高手低

在我們身邊常可見到這樣一些人，他們沒有自知之明，終日言不及義、胡言亂語，除了無聊之極的感覺，早已無法感受真正的痛楚。他們喪失了天性與個人特質，而且無可救藥，他們雖然總是故弄玄虛，表現出凡事高人一等的架勢，卻從來就沒有比別人更高明過。

事實上，自以為是、眼高手低的人都是最無知的人。眼高手低，或者幻想一口吃個胖子的人，都有做事拖延的惡習。對他們來說，最大的心理阻礙，是一想到要做什麼，就不由自主地發牢騷：「怎麼這麼難」、「又要做這種無聊的事了」等等。

驕傲自大可以毀掉任何人、任何事。他們喜歡四處攀比，只有在比別人強的時候才感到滿足。他們總覺得自己永遠正確，因為他們覺得自己什麼都懂，至少要比別人懂得多。

要知道，沒有人能夠無所不知，你的自大、聽不進去意見，會讓同事們遠離你。這樣你就不可能從他們那裡獲得關鍵的資訊和最好的想法。如果你只能得到無關緊要的資訊以及平庸無奇的想法，你就失去了成功的希望。

心胸狹窄、自私自利

爛蘋果員工總是將個人利益與公司利益之間的界線劃分得清清楚楚，他們在工作中表現出例行公事的態度，一份報

酬一份付出，早已把那種為公司付出智慧和體力的忘我精神拋到了腦後。

這種自私自利一開始只是為了爭取個人的小利益，但久而久之，當它變成一種習慣時，為利益而利益，為計較而計較，就會使人變得心胸狹窄。它不僅對老闆和公司造成損失，也會扼殺你的創造力和責任感。

懶惰懈怠、消極被動

正如懶惰和貧窮是一對孿生姐妹，消極被動和懶惰懈怠也是一對孿生姐妹。非積極的態度就是消極的態度，而消極必然導致被動局面。

半杯水是半空還是半滿，是最常被提出分別消極悲觀與積極樂觀看法差異的簡單比喻。消極者看到人家給他半杯水，會抱怨「只剩半杯水」，而積極者則高興地看到「還有半杯水」。

積極思想的人對任何事都抱著樂觀的態度，即使遇上挫折，他們也會認為那是自己的成功大樹開始生根、發芽的種子。消極被動的心態，則會扼殺發芽的機會，痛苦的惡性循環就此展開。

第十五章　酒與汙水定律：抓出害群之馬

剔除「爛蘋果」的必要性

對一個公司來說，員工是老闆最重要的資本——品牌、設備或產品都無法和他們相比，正是員工創造了這一切，包括產品、服務、客戶等等。

但是如果員工們拖拖杳杳、做事漫不經心、技術水準不行、缺乏向上的鬥志等等，這些不良因素最終都會在公司的生產、服務和銷售中表現出來。就像把一匙汙水倒進酒裡一樣，最終會使一桶美酒變成汙水。

相反，如果員工彷彿充足了電，動力十足，能全身心地投入到對客戶的服務中，你的企業將一往無前。每個人都熱愛自己的工作，和客戶相處得其樂融融，關心呵護每一位顧客——一家企業如果保持這樣的景象、這樣的氛圍，企業的競爭對手恐怕只能望洋興嘆了。

對企業來說，擁有這樣優秀的員工，企業不蒸蒸日上是不可能的。同樣，擁有那些爛蘋果員工而不及時剔除的話，企業不被慢慢腐蝕掉也是不可能的。所以，對爛蘋果員工，必須剔除。

讓我們看一下通用電氣的首席執行長傑克・威爾許是怎樣對待爛蘋果員工的：

首先威爾許把員工分為 A、B、C 三類。

剔除「爛蘋果」的必要性

■ A 類員工：他們滿懷激情、勇於做事、思想開闊、富有遠見。他們不僅自身充滿活力，而且有能力幫助帶動自己周圍的人。他們能提高企業的生產效率，同時還使企業經營充滿樂趣。

■ B 類員工：他們是公司的主體，也是業務經營成敗的關鍵。我們投入了大量的精力來提高 B 類員工的水準。我們希望他們每天都能思考一下為什麼他們沒有成為 A 類，經理的工作就是幫助他們進入 A 類。

■ C 類員工：他們是不能勝任自己工作的人。他們更多的是打擊別人，而不是激勵；是使目標落空，而不是使目標實現。你不能在他們身上浪費時間，儘管我們要花費資源把他們安置到其他地方去。他們就是那些「爛蘋果員工」。

然後，威爾許對這三類員工採取了如下做法：

■ A 類員工得到的獎勵應當是 B 類的兩到三倍。對 B 類員工，每年也要確認他們的貢獻，並提高工資。至於 C 類，則必須是什麼獎勵也得不到。

■ 每一次評比之後，我們會給予 A 類員工大量的股票期權。大約 60%～70% 的 B 類員工也會得到股票期權，儘管並不是每一個 B 類員工都能得到這種獎勵。

■ 失去 A 類員工是一種罪過。一定要熱愛他們，擁抱他們，親吻他們，不要失去他們！每一次失去 A 類員工之

第十五章　酒與汙水定律：抓出害群之馬

後，我們都要做事後檢討，並一定要追究造成這些損失的管理層責任。
- 有些人認為，把我們員工中底部的 10% 清除出去是殘酷或者野蠻的行徑。事情並非如此，而且恰恰相反。在我看來，讓一個人待在一個他不能成長和進步的環境裡才是真正的野蠻行徑或者「假慈悲」。

對待爛蘋果員工，威爾許說得很明白──毫不「慈悲」，立即剔除！

像「笨驢」一樣的員工

一頭驢子可以在一秒鐘內毀掉一個精美的陶瓷器，甚至還會踢傷主人。對於這樣一頭驢，你可能在一氣之下，要把牠清除掉，但是靜下心來想想，由於種種原因，你可能還無法這樣去做，那最好的辦法就是把牠拴起來。

對於一個管理者來說，要剔除那些像「驢子」一樣的員工也是有難處的。尤其是解僱那些與你朝夕相處、和你接觸最多的員工們。其實只要是你熟悉的人，即使所有的人都認為他並不適合這裡的工作，甚至是害群之馬，當你解僱他之前，你也會私下斟酌再三。

你不得不考慮由於解僱而帶來的一系列紛繁複雜的問

題。他的離去會對其他員工產生什麼影響？他的空缺工作如何完成？是否考慮再招收一些新的員工？被解僱的員工是否有一些後臺，他們會採取什麼樣的舉動？

僅是這一些問題就可以令你頭痛了，這也許就是作為管理人員的最大麻煩之一了。

理論上講，凡是破壞了公司某些規定並且造成極惡劣影響的員工，凡是不能勝任本職員作的員工都應該被毫不猶豫地解僱。

也許你已經決定解僱那名員工，但卻一直擔心他一家人的生活情況，那麼表達你的同情心的最好方式，不是挽留而是盡你所能幫助他重新找到一份新的工作。

如果他對自己的工作還有所留戀，那麼盡快使自己恢復到最佳狀態中來，是他的唯一選擇。這也是你挽救他們的最後機會，一般在這個時候會出現以下三種情況：

- 第一種情況：他意識到了失業的威脅，開始認真對待工作，工作業績已經開始回升。對於這種人不要輕易放鬆對他的解僱威脅。否則，解僱信號的消失，會使他重新放縱自己。
- 第二種情況：無所謂者。對於他來說要麼是準備跳槽，要麼就是對一切事情都極不負責任。對於前者，願去勿留，關鍵是和他挑明了進行談判，看看他以一個什麼樣的方式離去最完美：是辭職還是解僱，讓他掂量一下兩

第十五章　酒與汙水定律：抓出害群之馬

者的分量孰輕孰重，想必他就不會在最後幾天再做出些損人不利己的事情。對於後者，走得越遠越好。

■ 第三種情況：令人同情者。也許他為公司工作了一輩子，如今卻不得不面臨著年輕人的競爭而力不從心。你對於他的離去更多的是同情，這個時候就需要你用額外的方式來幫助他從失業的痛苦中解脫出來。

另外，在某些情況下，當你在是否解僱中左右為難的時候，停職不失為一種很好的方法。不要忘記，在必要的時候使用一下這種手段，給自己一個周轉的餘地。

換個酒桶裝美酒：團隊更新策略

從酒與汙水定律中，我們又可以得出這樣一個假設：如果盛酒的桶是汙濁不堪的，那麼裡面的酒無論多麼香洌恐怕也只能倒掉了。

如果繼續用這隻桶裝酒，那只會一桶桶地倒掉濃香甘洌的美酒，什麼原因呢？因為桶本身是髒的，再美的酒也被它汙染了。要想喝到乾淨醇香的美酒，只有一個辦法，那就是──換用新酒桶。

如果將這一假設運用到企業管理的實踐當中，那我們首先想到的就是打破所謂的標準模式，勇於革新。過去被當作

「範本」的「標準模式」本身並沒有錯，錯的是那些胡亂套用它們的企業管理者，盲目崇拜「標準模式」使許多企業難以得到更進一步的發展。

但有一點要注意，我們強調打破模式、建設自身特色，並不是要否定企業經營和區域經濟發展的自身規律。這裡只是想說明，如果注意到現實中存在的資訊不完全、認知有局限、環境不確定，那麼人們對於規律的掌握都將只是局部而不是完善的。所以，在策略戰術上應保持靈活可變，積極運用權變的思想應對未來的變化。

一位知名企業家曾說過，在管理上「只有永恆的問題而沒有永恆的答案」，這就提醒企業管理者慎言普適模式，重視顧客特色，注意不斷創新。

我們認為，也許最終不適合經濟發展與逐漸死亡的，只是學者爭論與概念界定下的「模式」，按照管理權變與經濟演化的思想，最後生存下來的都是動態求變的創新之靈魂，而不是僵化教條的模式軀殼。

由此可見，對於企業發展來說，打破所謂的「標準模式」是非常重要的。企業管理者千萬不要盲目套用某種模式，而應該結合企業的客觀情況，創造有特色的、最適合企業發展的經營方法。

現在就砸破你的髒酒桶吧！換一個全新的酒桶來裝美酒，很快你就會沉醉在酒香中了。

第十五章　酒與汙水定律：抓出害群之馬

第十六章
馬太效應：贏者通吃的法則

「凡是有的，還要給他，使他富足；但凡沒有的，連他所有的，也要奪去。」

第十六章　馬太效應：贏者通吃的法則

贏者通吃的時代

《新約‧馬太福音》中有這樣一個故事：

一個國王遠行前，交給三個僕人每人一錠銀子，吩咐他們去做生意。國王回來時，第一個僕人說：「我已賺了 10 錠銀子。」於是國王獎勵了他 10 座城邑。第二個僕人說：「我已賺了 5 錠銀子。」於是國王便獎勵了他 5 座城邑。第三個僕人說：「主人，你給我的銀子我怕丟失，一直放在我的箱子裡存著。」於是國王命令將第三個僕人的那錠銀子賞給第一個僕人，並且說：「凡是有的，還要給他，使他富足；但凡沒有的，連他所有的，也要奪去。」

根據這個故事，在 1960 年代，著名社會學家羅伯特‧金‧莫頓首次將「貧者越貧，富者越富」的現象歸納為「馬太效應」。它反映了當今社會中存在的一個普遍現象，即贏者通吃。

其中，最突出的現象是，在人類資源分配上，它所預言的「貧者越貧，富者越富」現象十分明顯：富人享有更多資源——金錢、榮譽以及地位，窮人卻變得一無所有。

同樣，日常生活中的例子也比比皆是：朋友多的人，會藉助頻繁的交往結交更多的朋友，而缺少朋友的人則往往一直孤獨；名聲在外的人，會有更多拋頭露面的機會，因此更加出名；一個人受的教育越高，就越可能在高學歷的環境裡

工作和生活。

　　金錢方面也是如此：如果投資報酬率相同，一個本錢比別人多十倍的人，收益也多十倍；股市裡的大莊家可以興風作浪，而小額投資者往往血本無歸；資本雄厚的企業可以盡情使用各種行銷手段推廣自己的產品，而小企業只能在夾縫裡生存。

　　因此，在這個贏者通吃的時代，企業經營要想長期有所發展，就要在某一個領域保持優勢，而且還要在此領域裡做大做強。

　　當你成為某個領域的領頭羊的時候，即使投資報酬率相同，你也能更輕易地獲取比弱小的同行更大的利益。可見，馬太效應是影響企業發展和個人成功的一個十分重要的法則。

馬太效應的前因後果

　　為什麼「馬太效應」的影響如此之大呢？在眾多關於馬太效應的因果分析中，以下七條原因是最為大多數人所認同的。

◆ 原因一：規模效應

　　規模是市場經濟中最具有魅力的部分。

第十六章　馬太效應：贏者通吃的法則

在企業競爭中，誰的規模越大，誰的地位就會越高。例如：類似微軟這樣的超級軟體公司，雖然同行恨之入骨，社會輿論也屢屢發難，很多人更是欲除之而後快，但微軟依然穩坐霸主位置，號令天下、誰敢不從？

由此可見，規模龐大是一種優勢，這是「馬太效應」得以實現的一個重要原因。

◆ 原因二：領先效應

「贏者通吃」的關鍵在於先入為主。對於企業而言，開拓市場的關鍵在於發現市場機遇。在以資訊為代表的新經濟環境中，機遇對於企業的發展表現得尤為重要，搶占先機就意味著成功了一半。

這主要是因為：市場競爭初期的客戶開發成本相對低廉，隨著競爭的加劇，對於慢半拍的競爭者來說，獲得新用戶的成本就很高，而且從競爭對手中爭奪客戶更是很難。因此，領先者擁有巨大的先發優勢。

◆ 原因三：齒輪效應

打開鐘錶我們會發現這樣一個現象：大齒輪轉一圈時，小齒輪要轉許多圈；時針走一圈，分針要走六十圈；分針走一圈，秒針要走六十圈。這就是齒輪效應。

齒輪效應在社會經濟生活中也有充分的展現：大企業不發展則已，一發展就將小企業遠遠丟在後面；由於總量之間

的差別,已開發國家和地區成長兩個百分點,等於開發中國家和地區成長幾十個百分點。由此可見,齒輪效應是形成「馬太效應」的原因之一。

◆ 原因四:鎖定效應

在經濟領域中,形成馬太效應的另一個主要原因是鎖定效應。

什麼是鎖定效應呢?舉例來說明一下,當用戶從一種品牌的技術轉移到另一種品牌的技術時,必將為這種轉移支付一定的成本,當轉移成本過高,使用戶會望而卻步時,用戶就處於被鎖定的狀態。

因此,當一項高科技產品開發成功,贏得市場以後,它便很容易掌握未來的市場,在激烈競爭中占有主動權。

◆ 原因五:光環效應

心理學認為,當一個人在別人心目中有較好的形象時,他會被一種積極的光環所籠罩,從而也把其他良好的品質賦予了他,這就是心理學上的「光環效應」。

為什麼明星推出的商品更容易得到大家的認同呢?一個作家,一旦出名,以前壓在箱子底的文件全然不愁發表,所有著作都不愁銷售,這又是為什麼呢?為什麼知名人士的評價或權威機關的資料會使人不由自主地產生信任感?這些都是光環效應所引發的結果。

第十六章　馬太效應：贏者通吃的法則

在經濟領域也是如此。一些知名品牌很自然地被人們賦予了光環，從而吸引了更多的消費者。

◆ 原因六：資源優勢

關於馬太效應形成原因的各種分析中，「資源」這一詞彙尤顯突出。它是形成馬太效應的核心，是推動馬太效應的內驅力。

所謂資源就是為做某件事情所必須具備的條件，包括你所擁有的以及所能控制的。如同自己的個人財產一樣，一些資源既可以用來發展事業，又可以用來與他人交換。我們常常所說的強弱，就展現在可掌握和使用的資源多寡上。

無論是對於一個企業，還是相對於個人來說，擁有豐富的資源意味著擁有更強的抗風險能力，也意味著擁有更加優勢的地位和更強大的潛力。

◆ 原因七：聚集效應

在現實經濟生活中，我們通常發現這樣一個現象：越是那些業績優秀、資金充裕的公司，銀行越是想將資金給它，這就是資金的聚集效應。

人才與資金一樣，也有聚集效應。美國經濟的發展，便是人才「聚集效應」很好的例證。

公司的發展也遵循相同的軌跡，優秀的公司發展到一定

階段後就會形成一種「吸引力」，優越的待遇、良好的公司文化、光輝的發展前途，都是吸引人才的重要因素。而那些效益差、管理不善的公司，就會出現人才大量流失的現象，公司也很難東山再起。

由此可見，根據馬太效應的因果分析可知，你越成功，就會擁有越多的機會，也會越來越自信，而這機會和自信又會使你取得更大的成功。就像「滾雪球」一樣，成功會不斷地增大。

馬太效應的實際展現

強者制定遊戲規則

社會學家羅伯特教授對「馬太效應」揭示的現象進行了深入的研究。他認為，在「贏者通吃」的社會，遊戲規則往往都是強者所制定的。

微軟在互聯網時代的壟斷地位可以更好地說明這個問題。

從 DOS 到 Windows 系統，微軟一直掌握著個人電腦作業系統 90% 以上的市場份額，這為它累積了巨大的信譽。

另外，絕大多數硬體、軟體發展商都不會另搞一套與微

軟「不相容」的產品或系統，因為那無異於自掘墳墓。也就是說，微軟可以不必考慮與別人相容，而別人一定得考慮和微軟相容。而影響力不大的產品，即使性能再優秀，也享受不了這種待遇。

網路增值的規律是規模越大，使用者越多，產品越具有標準性，所帶來的商業機會就越多，收益呈加速成長趨勢。

由此可見，標準化、規模化意味著社會成本的降低、經濟效益的提高，這是網路時代中所有廠商追求的一種目標。

電子資訊業因為行業較新，許多產品規格尚未標準化，誰能建立標準規格或者跟對了贏家的規格，誰就是「馬太效應」的獲利者。

出了名，一切隨之而來

在當今社會，「成名」已經是「成功」的最快捷方式。它可以帶來多方面的成功，包括金錢、榮譽、地位、人際關係等，而且只要不違背法律、法規，任何人都可以快速成名。

「現代成名學」創始人博斯丁一手創辦的「名聲訓練法」，自 1990 年代以來在歐美各國風行一時。它的核心論點是：在資訊化時代，「名人」是「商品」，「名聲」可以帶來巨大的商業利益，而且可按照「名聲工廠」的標準化模式製造出來，並經由媒體褒貶炒作，在旦夕間起落。如今這項產業已深入

社會的各個領域，正深深地影響著我們的思維方式與生活方式。

另外有一點你要注意，你必須熟悉整個名聲產業的運作流程，各行業間環環相扣的互動關係，尤其須熟悉媒體的發稿程式、新聞取捨標準、誰有權力安排你上鏡頭接受採訪等。藉助媒體炒作的機會，你才有可能建立知名度，進一步吸引贊助者，運用更專業的名聲訓練法及更多的資源，將你推向更大的名聲市場，建立更大的知名度。

這時你就會發現，只要出了名，一切也就隨之而來了。因此，個人的品牌和知名度是你走向成功的法寶。

成功也是成功之母

俗話說：失敗是成功之母。這句話有一定道理，但不是絕對的，它有一定的適用範圍，試想，如果你屢屢失敗，從未品嘗過成功的喜悅，你還有必勝的信心嗎？你還相信失敗是成功之母嗎？

因此，從某種角度來說，成功也是成功之母。這主要是因為：成功有倍增效應，你越成功，你就會越自信，越自信就會使你越容易成功。

成功與失敗也有兩極分化的「馬太效應」，成功會使你越自信，越能成功；而失敗會使人越灰心喪氣，離成功越來越

第十六章　馬太效應：贏者通吃的法則

遠。當然，提倡「成功也是成功之母」並不反對人們從失敗中學習，否則，這也有悖於「墨菲定律」，這主要看從哪種角度來說。

「失敗是成功之母」對於抗挫折能力強的成年人來說，可能是正確的，但對於心智尚未成熟、意志還很脆弱的青少年來說，並不那麼適用。對青少年而言，「成功是成功之母」可能更適合他們的發展。

成功教育使人走向成功，失敗教育使人走向失敗。

殘酷的現實：只有第一，沒有第二

在這個競爭激烈的社會中，你只有凡事處於優勢位置，才能讓自己保持永久的生存地位。也就是說，在這個殘酷的現實中：只有第一，沒有第二，無論是企業，還是個人。

生活中，這樣的例子也不勝枚舉。那些「流量」大一些的媒體，廣告費被「吃」了幾億、幾十億，而那些沒有什麼「流量」的媒體，連幾十萬也吃不著。

因此，要想在這個社會中保持自己的領先優勢，創造更大的規模，你必須要學會強強聯手，強弱合併，也就是為了創造規模效應，整合資源，堆積「動能」。

先來問你一個問題，你知道世界第二高峰嗎？也許你會

和大多數人一樣搖頭，但你會說，我知道世界第一高峰是聖母峰。不用你說，地球人都知道。

其實，位於巴基斯坦境內的喬戈里峰僅比聖母峰矮237公尺，這個差距還不到聖母峰高度的3%。但正是由於這個不大的差距，排名世界第二的喬戈里峰除了一些狂熱的登山運動員外，再少有人問津。

多少專家的實地勘測，多少隊員的結隊攀登，多少媒體的全程關注，甚至於多少生命的無言終結，目標更多地鎖定在了聖母峰，而不是喬戈里峰。

237公尺 —— 聖母峰只高出了那麼一點點，也就是憑著那麼一點點的「聲量」，就把世界第二的喬戈里峰給「吃」了。

生活如此，殘酷的競技體育更是這般。但凡比賽，就終要分出勝負，排出席次。

足球場上，我們看到冠軍獲得者歡呼，跳躍，擁抱教練，親吻獎盃；而第二名終究未能問鼎，只能躲在一旁以淚洗面，任憑沮喪與失落在內心痛苦煎熬。勝者隨後可以邀功請賞，接受採訪，風光無限；而後者要想出人頭地，必然回去臥薪嘗膽，轉會拜師，埋頭苦練，一切只為下場比賽奪回第一。

個人事業的發展也是一樣。如果有人問，誰是籃球世界的老大，恐怕多數人都會選擇喬丹。然而很少有人深思過這

樣一個問題：第一比第十在能力上能強過幾十倍嗎？答案不言自明。

可是，儘管喬丹的才華沒有比其他優秀球員強幾十倍，但是他們的收入卻相差幾十倍。這就是「贏者通吃」的殘酷現實：只有第一，沒有第二。

現實生活是殘酷的，並不遵從公平原則。那麼，一個對生活抱有希望的人，一個想成就一番事業的人，就不能停留在抱怨上，而是應該直面「贏者通吃」這一現實，增強心理承受能力，促使自己成長，爭取有朝一日成為某一領域的「第一」。

領先者的優勢

一個良好的品牌能夠引導一個企業走入良性循環發展的軌道，同樣，一個人要想獲得更大的成功，也要走上一個良性循環的軌道。

事實上，每個人都想進入好上加好的良性循環，而極力避免進入壞上加壞的惡性循環。但僅有好的願望是不夠的，成千上萬的人和你一樣在渴望著成功和富有，在心理的起跑點上，你和他們是一樣的。你只有順應馬太效應，才能找到成功的正確道路。

經營的要訣、經驗多如牛毛，你不可能都記住在心中。你只要記住「領先」這個要訣就行了。一個人只有步步領先，才會事事領先。

步步領先，事事領先，說起來容易，做起來卻很難。但只要你是一個有心人，你就可以見微知著，從許多小事中看到機會。你能率先抓住一個機會，便會從中受益無窮，哪怕是搶先半步，也會步步領先。

以奇領先，以新領先是現代社會發展的一個特點。所以，要想超出眾人，出類拔萃，就必須有「絕招」，那就是在「稀奇」、「獨特」上下功夫、打主意，見人所未見、為人所未為，才能出奇制勝。

要想步步領先，還要求你有高瞻遠矚的眼光，才能達到事事領先。

有人曾問過彼得‧杜拉克，他如何開始審視一個公司失敗的原因，杜拉克回答道：「我總是先看看12年前有哪些事是可以改變的。」

由此可見，如果一個公司最後遭遇失敗，那一定是很早以前的決策就出現了失誤。一個公司所做的長期計畫，所牽涉的因素很多，包括各項政治、經濟因素、公司內外的變動等，這些都是不能夠用數字去測量的。因此，在做長期計畫時，無論如何謹慎，少許的偏差仍是不可避免的。

第十六章　馬太效應：贏者通吃的法則

但是，如果你的思考能力足夠強，又有高瞻遠矚的眼光，就能把決策失誤降低到最低限度，就能在眾多競爭對手中就能步步領先，事事領先。

如果你的起步比別人晚，從現在開始，每天都要付出大量努力，你要去思考如何能比別人捷足先登，也就是做前瞻性的思考，培養和樹立超前意識，具備長遠的眼光，做每一件事情都要比別人早一步，要比別人更迅速地掌握未來的動態、未來的資訊、未來的走向。

不如此，你就很難準確地看到生活中一晃而過的契機，你也很難把握由此帶來的重大機遇；不如此，它往往使我們跌落在「隨大流」的人流大潮之中，以至於很難邁進「領先」的道路。

知己知彼，百戰百勝

在「馬太效應」的作用下，現代社會已經進入了一個強者時代。對於強者之間的競爭，你需要做到：知己知彼，只有這樣才能百戰百勝。

很多人自以為知己又知彼，事實上是既不知彼且不知己，或是知彼卻不知己。

我們很難去比較「不知彼且不知己」以及「知彼卻不知

己」何者付出的代價較大，因為任何事都存在偶然性，但就實際面及人性面來看「知彼卻不知己」有可能付出較大的代價。

不知彼且不知己的人不一定會有所行動，因為「未知」會讓這種人因為害怕而怯於行動，或僅做有限的行動，就算有所行動，也有可能在遭到困難打擊時立即退縮。

另外，知彼卻不知己的人最大的問題是，常常在知彼之後，自認為時機成熟、條件成熟，因而採取行動；這種狀況之下的行動並不是沒有成功的可能，但是失敗的機率卻很大。

因為缺乏「知己」下的「知彼」會讓人陷入一種假理性的思考之中，認為一切都經過了評估，一切都在掌握之中。殊不知在不知己的狀況下，知彼已失去了意義，反而成了致命的吸引力，只會讓人毫不回頭地飛蛾撲火。

由此可見，知己比知彼更重要。這話並不是說為了知己，知彼就不重要了。因為若僅知己而不知彼，則「知己」將使自己更退縮，「知己」是和「知彼」相對應，是有現實思考的。

人若不知己，則「知彼」會讓人產生一廂情願的偏差，看到的並不是真實的「彼」；好比一個眼睛散光的人，看到的影像終究不是實像，這樣的知彼是缺乏現實意義的。

第十六章　馬太效應：贏者通吃的法則

因此必須有「知己勝於知彼」的觀念，能知己則能客觀真實地知彼，也能在恰當的時候採取行動──或者根本不採取行動。

警惕「馬太負效應」

古今中外，許多傑出的個人和企業都受到了馬太效應的影響。然而，如果人們不能正確對待馬太效應帶來的「勝利」，一味沉醉於掌聲和榮譽中，就有可能停滯不前，影響個人乃至企業的發展。

因此，我們在對「馬太效應」做以正面思考的同時，也要時刻警惕「馬太負效應」。

馬太效應與腐敗現象

馬太效應自古而然，可反映在當今腐敗現象中，卻實在有些令人警醒。

在當今社會，一個國家機關工作人員如果在事業上有了突出的成就，職位高升，官居要職，就可能帶來多方面的成功，包括金錢、榮譽、地位、人際關係等等，而且由於名聲在外，會有更多拋頭露面的機會，他也會因此而越自信更加出名高升。

這時大家就會發現，他們辦什麼事情都會簡單得多。因此，這些人的個人品牌和知名度成為他們走向理想的通行證。權力、金錢、知識、聲望和地位等各種社會資源在個別人身上出現合流的傾向或趨勢。

在這種情況下，理性的生存空間就十分有限，進一步演化下去，將面臨大家最害怕看到的結果：社會公平、公正將遠離大眾，職務犯罪會大行其道，改革開放就會嚴重受阻。

馬太效應與企業危機

企業最大的危機就是發現不了危機，或者視危機於不顧，「強者恆強」的馬太效應很容易讓管理者在眼前的勝利中迷失方向。事實上，越是取得勝利的企業就越應該不斷求新、求進步，要精益求精，跟上時代潮流，才不致從勝利的頂峰跌到被淘汰的命運。

馬太效應告訴企業管理者們：勝利會增加企業的資源，增加我們再次獲勝的可能性。一個真正了解馬太效應的管理者絕不會輕視任何可能有的隱患。為了企業的長遠利益他可能放棄眼前的小利，他深知所有的事物都有其內在連繫，他懂得一次戰鬥不如一場戰爭重要，而這種著眼長遠、深重大局的特質，也是企業管理者和企業擺脫「馬太負效應」的重要條件。

第十六章　馬太效應：贏者通吃的法則

馬太效應與教育公正

馬太效應在學校教育中，也是普遍存在的現象，而且影響到了教育公正。

例如：學校管理水準高、教學品質好，就有條件招聘優秀的教師，師資就會越來越好；反之，不好的學校很難招到優秀的教師，即使目前有好的教師，也會逐漸另謀高就，因此，學校會越辦越差。這種負面效應會成為一種極端，造成教育的不公正。

要知道，教育公正是社會公平之本，一個社會要保障最基本的公平，最重要的調節手段是教育。因此，教育投資體制中的「馬太負效應」必須引起足夠重視，從根本上實現教育的公正。

第十七章
木桶定律:團隊中的關鍵影響力

一隻木桶能裝多少水,完全取決於它最短的那塊木板。

第十七章　木桶定律：團隊中的關鍵影響力

最短木板決定團隊整體容量

木桶定律是指，一隻木桶能裝多少水，完全取決於它最短的那塊木板。

要想增加木板的整體盛水量，不是增加最長的那塊木板的長度，而是要全力補齊最短的那塊木板的長度，這就是說任何一個組織都可能面臨的一個共同問題，即構成組織的劣勢部分往往決定了整個組織的水準。

對於一個企業而言，企業的整體效益水準並不取決於企業最有優勢的方面，而恰恰取決於相對最弱的方面。

舉例來說明，一家企業的產品、資金、市場都很強，唯獨人員素養不高，這時候企業的「瓶頸」就在於人員的素養，企業的整體效益水準也就決定於此，而不是其他方面。

顯然，如果一個木桶各木板之間優劣不等，那麼這個木桶的整體容量就會上不去。一個企業在做好其他方面建設的同時，一定要把握住最短木板的建設。

根據「木桶定律」的核心內容，還可以衍生三個推論：

- 只有桶壁上的所有木板都足夠高，那木桶才能盛滿水；如果這個木桶裡有一塊木板不夠高，木桶裡的水就不可能是滿的。
- 比最低木板高的所有木板的高出部分都是沒有意義的，

高的越多、浪費越大。

■ 要想提高木桶的容量，就應該設法加高最低木板的高度，這是最有效也是唯一的途徑。

毋庸置疑，木桶盛水的多寡，發揮決定性作用的不是最長的木板，而是那塊最短的木板，因為水的介面是與最短的木板平齊的。

另外，想要完全克服最薄弱的環節是不可能的。按照木桶定律，我們的薄弱環節是必然存在的，而且永遠存在。

一個人或是公司，總會有一方面比其他方面要薄弱一些，儘管它可能比其他個人或公司的任何方面都強。強弱只是相對而言的，因此也是無法消除的。

問題在於，你容忍這種弱點到什麼程度。如果它已成為阻礙工作的瓶頸，那你就不得不採取行動了。

企業如木桶：不斷擴張的隱憂

對於企業的發展，木桶定律是最恰當的比喻。

如果我們把企業當成一隻木桶，而把企業經營所需要的各種資源與要素比喻成組成木桶的每一塊木板，比如：資金、技術、人才、產品、管理等等，那麼一個企業取得業績的大小，則取決於企業資源中最短缺的資源和要素。

第十七章　木桶定律：團隊中的關鍵影響力

　　也就是說，在企業的業務能力、市場開發能力、服務能力、生產管理能力中，如果某一方面的能力稍低，就很難在市場上保持長久的競爭能力。

　　其實，一個企業做得再好，管理上都有潛力可挖，換句話說，每個企業都有它的薄弱環節，正是這些環節使企業許多資源閒置甚至浪費，發揮不了應有的作用。如常見的互相拉扯、決策低效、實施不力等薄弱環節，都嚴重地影響並制約著企業的發展。

　　因此，企業要想做好、做強，必須從各方面一一做到位才行。對於一個木桶而言，存在任何一塊短板都無法使木桶盛滿水；對於企業來說，任何一個環節太薄弱都有可能導致企業在競爭中處於不利位置，最終導致失敗的惡果。

　　要想使一個木桶的容量不斷擴大，就需要使木桶每塊木板有一個均衡增長的趨勢。同樣，一個團隊要想比傳統的工作小組取得更大的成績，運作得更有效，就要使每個成員必須把自己與整個團隊的任務緊密結合起來，全身心地投入到團隊的工作當中，這是使企業「擴張」最重要的方面。

　　只有對任務抱有信念，透過齊心協力才能實現目標。每個成員必須把整個團隊以及團隊的成功作為自己目標，絕不僅僅只關注自己的那一小部分任務。否則，團隊不可能成為真正的團隊，充其量只不過是一個有一定關聯的個人集合罷了。

為了發揮整體的優勢，使企業不斷擴張，我們可以這樣做：

◆ 第一，確保團隊中的每個成員知道整體的任務是什麼

在傳統工作群體的分工中，每個人只了解自己分內的事，根本不懂得自己的工作在完成整體任務中有什麼作用，這樣，團隊的功能就不能展現出來。現代團隊的每個成員都必須知道整體任務是什麼。

◆ 第二，確保每個人把整體任務作為自己的目標

一旦確立了整體目標，每個人就應該全神貫注為整體目標的實現而甘願犧牲個人的一些工作利益。

◆ 第三，激勵員工進行合作，培養團隊意識

或許這個轉變在開始的時候很不容易，實現這樣的轉變確實需要時間。團隊一旦有了這種合作精神時，一定要為他們付出的努力進行讚揚，讓群體中的其他成員把他視為學習的榜樣。

如果你想要打造一隻堅實的「木桶」，擁有一支高效的團隊，千萬不要讓每個成員只著眼於個人的工作，應該讓他們總是著眼於團隊的整體任務。

第十七章　木桶定律：團隊中的關鍵影響力

找到團隊中的薄弱環節

對於一個團隊來說，團隊精神是組織和個人共同努力的結果，團隊建設也是組織和個人互動的過程。「木桶定律」可以啟發我們對團隊建設重要性的思考。

在一個團隊裡，決定這個團隊戰鬥力強弱的不是那個能力最強、表現最好的人，而恰恰是那個能力最弱、表現最差的落後者。

假如將其中制約團隊發展的關鍵環節（也就是最短的那個木板）稱為「瓶頸」。那麼，如何找到團隊的薄弱環節、突破「瓶頸」對於領導者來說是至關重要的。

如果把「木桶定律」運用到克服管理「瓶頸」的過程中去，還可以得出這樣幾個進一步的推論：

其一，團隊發展應當關注「瓶頸」環節，就是找出最短的一塊木板，只有加高了那塊木板才能增加木桶的盛水量。

其二，假如錯誤地將某個「非瓶頸」環節看成是「瓶頸」，在這個環節上過多投入資源，並充分發揮該「非瓶頸」環節能力的作用，其結果不僅無利於團隊整體效能的改善，而且還有可能造成不必要環節「存貨」的增加。

其三，團隊發展的「瓶頸」環節是變化的，這正如將「木桶」中最短的一塊木板加高到一定程度，就有可能會產生原

來次短的一塊木板變成新的最短木板,便成為新的「瓶頸」。這時,如果仍然將經過改善的原來的「最短」的木板看作「瓶頸」,那麼在這個環節投入越多,越有可能破壞組織各環節的能力平衡,造成的浪費也就越多。

其四,假如將各部分能力看成是支撐整個團隊運作的平臺,那麼各部分能力的強弱失衡,必將使整個管理陷入混亂之中。

從管理「瓶頸」與「木桶定律」出發,如果你要想團隊的經營規模每年呈倍數的增長,就必須要具備這樣幾個條件:

- 首先,市場需求潛力巨大,或者組織發展空間巨大,能夠提供進一步發展的環境;
- 第二,組織發展尚未達到潛能極限,尤其是管理能力可以支撐規模擴張;
- 第三,不會引起行業內部或與行業新進入者之間的激烈競爭衝突。

基於以上的分析,解決「瓶頸」的關鍵,就在於找出最薄弱的環節,並加以不斷地改善。也就是說,只有想法設法讓短板達到長板的高度,或者讓所有的板子維持「足夠高」的相等高度,才能完全發揮團隊作用。

第十七章　木桶定律：團隊中的關鍵影響力

如何提高團隊的競爭力

俗話說，人心齊，泰山移。這其中蘊含著集體的能量，團結的威力。一雙筷子容易折斷，可是十雙筷子折不斷。靠的是什麼？靠的就是團結，靠的就是集體。

一個團隊，如果不能做到「人心齊」，只能是一盤散沙，難成大器。一個企業，如果不能做到「人心齊」，就失去了立足的根本。歷史上，現實中，無數輝煌的成功抑或慘痛的失敗都可以從這句簡單的話中求得原因，找到癥結。

人心齊，意味著組織和團隊成員對一種共同願景的高度認可。共同願景把個人和組織結合為一體，激發個人對崇高目標的追求，猶如組織的旗幟和靈魂，激勵團隊成員為打造命運共同體而拼搏奮鬥，產生聚沙成塔、萬眾一心的效應。

當今的世界是國家與國家的競爭，是企業與企業的競爭，也就是規模經濟的競爭。可以說，規模經濟已經是當今市場競爭的一個主要特徵。那麼，我們又怎麼去贏得這場競爭呢？

要知道，規模經濟無非就是人的集合、資源的集合、資金的集合，然後產生最大規模的經濟效益。對於這幾個集合來說，有效地組織才是一個最核心的問題。

因此，我們必須關注企業的體制是否有利於這種集合。「對於今天的企業來說，如何建立員工團隊的向心力，已經成

為一個關係到企業發展成敗的大事。」

向心力就是企業員工的凝聚力，這也是企業競爭力的源泉。員工的凝聚力來自於員工對企業目標和企業文化的認同感與專注度，也可以叫做事業的忠誠度。

如何提高員工的凝聚力呢？我們首先要了解這樣一些事實：

◆ 第一，員工的潛力是巨大的

員工的潛能如同光能，他們既可以各行其是，像單一的電燈泡一樣散發著自己的能量；他們也可以把所有的能量集合起來，如同一束雷射，穿透所有前進道路上的障礙。

◆ 第二，企業所需要的凝聚力，更多地表現在員工的心智方面

企業需要員工對於企業目標和企業文化有一種極大的認同，需要所有的員工對於企業的事業有一種主動的參與，把它當做個人事業的一部分。

◆ 第三，今天的競爭是人才的競爭

人才競爭的內在含義，不僅僅是企業與企業員工整體素養的競爭，更重要的是企業與企業員工凝聚力水準的競爭，因此，評價一個企業，不僅要比較企業員工的素養，更要衡量哪家企業員工的人心最齊。

第十七章　木桶定律：團隊中的關鍵影響力

從以上事實中，我們可以看出，要想成為一家卓越的企業，就必須在團隊精神的建設方面有很好的建樹，必須在團隊的凝聚力方面有很好的突破。

長板更長還是短板變長：取捨之道

有人認為，企業的發展在初級階段，只要發展一下長板塊就行了，比如你有技術，就可以轉化，不愁賣不出去；你有資金，打一個廣告就可以把市場做大；你有市場，不論賣什麼產品都可以賺錢……

按這樣的說法，對於一個企業，只要把一個板塊做好就行了。顯然這對於木桶定律來說，是一個絕對的打擊。但事情好像並不是如此簡單。

當市場發展了、成熟起來後，市場進入了細分階段，企業是可以把長板塊或優勢做好，這就是我們所講的競爭力優勢。這個優勢是針對市場和市場競爭者而言的。

早在 1970 年代，波士頓顧問公司創始人布魯斯·亨德森就在一篇論文中指出：策略的精髓所在，就是透過差異化而形成壓倒所有其他競爭者的獨特優勢。如果要取得策略競爭的優勢，一個企業就要透過精心策劃、深思熟慮聚集並投入企業的全部資源，打擊競爭對手並取得壓倒性的優勢。

對於人才的培養上，管理學大師彼得‧杜拉克也曾這樣精闢地指出：「精力、金錢和時間，應該用於使一個優秀的人變成一個卓越的明星，而不是用於使無能的做事者變成普通的做事者。」這是一個與木桶定律相悖的忠告，我們稱之為「杜拉克原則」。

如果我們單純地把這一理論應用於木桶上，也就是說讓長木板更長，顯然對於木桶本身的盛水量來說是毫無意義的；但是如果應用於人才的培養上，卻又有其不可忽視的意義。

顯然，杜拉克原則關注的是人的成長，組織或個人應該千方百計地創造條件，把精力、金錢和時間都用在發揮人的優點上，而讓人的缺點不要干擾優點的發揮，也就是做到揚長避短。

從以上分析，可以看出，這兩個理論各有道理，卻又是相悖的，那麼，我們究竟是讓長板更長，還是讓短板變長呢？

其實，我們在大部分時候誤解了木桶定律和杜拉克原則，或者說，我們擴大了兩者的使用範圍。要確定二者的使用範圍，首先來研究一下系統、系統中的要素、系統要實現的目標之間的關係。

不管是木桶定律，還是杜拉克原則，它們都有自己的適用條件。

第十七章　木桶定律：團隊中的關鍵影響力

　　一種情況是，適用木桶定律，還是適用杜拉克原則，取決於該情況系統中各個因素之間的關係，以及我們透過這個系統所要達到的目的。比如說，木桶的各個木板如果不是拿來裝水，而是用來燒火，那麼請問，較短的那個木板，會影響其他木板燃燒釋放出的能量嗎？

　　因此，一個系統的各個要素發揮出來的作用，是否與最短的一塊木板一樣，取決於它們是否有共同的目標，以及要實現什麼樣的目標。

　　另外一種情況是，各個因素之間的組合關係，也決定了系統中各個因素的組合效果是木桶效應，還是杜拉克效應。如果這種關係只是一種鬆散型關係，那麼人們可以不必理會那些缺點，只需把優點發揮到極致。

　　由此可見，不管是木桶定律，還是杜拉克原則，都是系統中各個要素相互作用的兩種比較特殊的情況，我們在應用過程中，一定要遵循各自的適用條件。

消失的長木板：「跳槽」風險

　　上文提到的杜拉克原則告訴我們，應該把表現一流的人或技能變得更加卓越。如果把木桶中的長木板比做是一個優秀的人才，結合木桶定律，在彌補短板不足的同時，也要發揮好長板的優勢。

作為一個管理者，如果你始終彌補短板的不足，而忽略了長板的優勢，那麼久而久之，長板最終變為短板，這時，原來的長板就會從你的公司裡「消失」，而企業就永遠無法達到均衡的發展。

在市場競爭激烈的今天，「跳槽」這樣的事件已不足為奇，也不見得是一種錯誤。但要是其他群體沒有做出加高薪或是升職的承諾，卻還是把你的優秀員工給挖走了，這樣可能真的是一個錯誤了。

如果這些東西不是金錢，不是更高的職位，那又是什麼呢？這個問題，作為管理者要好好想想了。一個公司要向前發展，一個管理者要創造業績，離不開優秀傑出人才的輔佐，這樣才能成就大業。

褚人穫《隋唐演義》這部長篇歷史小說是耳熟能詳的，唐太宗李世民在做秦王時，廣交天下各路豪傑，禮賢下士，將秦瓊、羅成、程咬金等傑出人才收於帳下，終於打敗十八路反王，為大唐基業打下堅實的基礎。

可以說，遠到各朝各代，近到大小公司，若沒有傑出人才當朝效力，王朝是不會興盛的，公司也不會發達的。

由此可見，團隊中人才的流失，直接威脅到你自身的地位和發展，管理者必須阻止這種現象。先仔細反省一下自己的「所作所為」，這可是一件讓你傷腦筋的事，但如果你不想再讓「長木板」消失的話，就必須這麼做。

第十七章　木桶定律：團隊中的關鍵影響力

你要做到以下幾點，發揮好「長木板」的優勢，以便你的企業得到均衡的發展：

◆ 第一，禮賢下士，招攬人才

招攬了傑出人才，他們很快立下大功，出了風頭，這時，有些管理者就心理不平衡，因為無論自己的上司還是部下都把注意力與稱讚投向了別人，而不是自己。從此後，常常故意找碴、挑剔，直到最後把有才能的員工擠走。要想留住優秀員工，一定要杜絕類似現象的發生。

◆ 第二，及時調查，弄清原因

也可以試試另一種方法。調查一下其他公司是怎麼運作的？他們的優勢何在？然後，留意別人告訴你的每一條意見，並著手進行改革。

◆ 第三，給予利益，留住人才

傑出人才之所以留在你的身邊，而非另奔他人，是因為他希望從你這裡獲得最大收穫，也只有在這種情況下，員工才能最大限度貢獻力量，所以對於傑出人才要給予一定的優待與利益。

◆ 第四，該放就放，多想無益

對於那些「身在曹營心在漢」的員工，不要死抓住不放，你不需要這樣的人，願意留下來的留下，一心想走的，就讓

其走，不要讓他們再勞累你的心神。

誠然，一個團隊潛力的大小要看這個團隊擁有人才的多寡，以及對人才重要性認知程度的大小。要發揮好一個團隊中「長木板」的優勢是管理者推動企業均衡發展有利的保證。

從「木桶」到「鐵桶」：打造堅實團隊

很多創業者都明白木桶裝多少水是由最短的木板決定的道理，正是因為明白，很多創業者都會特別地關注那塊最短的木板，努力避開，解決創業的缺陷。

但是經濟學家認為，僅僅用「木桶」原理檢測企業的毛病是遠遠不夠的，因為只專注於尋找企業的弱點，就很容易頭痛醫頭，腳痛醫腳，缺乏系統觀和整體觀，導致在某方面投入了大量人力物力，效果卻不明顯。

企業經營是一個系統工程，不僅要做到沒有明顯的短板，還要保證每塊木板結實、整個系統堅固，各環節接合部緊密無縫隙，也就是要把「木桶」打造成「鐵桶」，以增強企業的抗危機能力。即使遇到經濟不景氣、市場衰退時，確保自己能堅持到下一輪經濟復甦，否則根本就沒機會再創輝煌。

創業者在創業初期要盡量把眼光看遠一些，腳步踏實一些，不急不躁，苦練管理基本功和進行管理創新，建立寬容

第十七章　木桶定律：團隊中的關鍵影響力

的企業文化和試錯機制，鼓勵創新。特別是容許員工犯錯的機會，讓員工在實踐摸索中，逐漸構建「鐵桶」並加強其堅韌性。

事實上，也只有企業的管理基礎穩固了，形成制度化、模式化、標準化，不會隨著人事變動而出現波動，企業的策略才具有執行的可能與現實意義。

結合以上木桶定律的引申，演繹角度，要使「木桶」變成一個堅固的「鐵桶」，必須做出在下限制性規定：

- 桶底必須是穩固、結實的。這是傳統「木桶定律」假定的一個前提。在現實中，對一個系統來說，這是根基性的東西。
- 長、中、短板的結合必須是密合的，不存在縫隙。
- 各板的功能和作用是一樣重要的，並僅與其長度相關。
- 許多木板必須是互不替代的，即一板不能轉化為另一板，就好比人的腦力不能替代體力一樣。
- 構造木桶的環境是封閉的，即不存在外部木板的「供應市場」。
- 必須均衡地、同強度地發揮各塊木板的功能，避免出現「報廢時間」的不同，因為過度倚重一板會縮短其使用壽命。
- 木桶內容物應當是「水」類流體。

另外,要想使一個企業由「木桶」轉化成為一個堅固的「鐵桶」,還要高度了解到,光是一個團隊內部做到團結,是遠遠不夠的,還只是一個目光短淺的小團隊。

只有把小團隊的理念融入社會主流,順應事物發展的客觀規律和前進方向,使小團隊就成為大團隊中的一分子,以大局為重,從大目標出發,眾志成城,小團隊的事業前景會更為廣闊。

第十七章　木桶定律：團隊中的關鍵影響力

第十八章
帕金森定律：權力與效率

一個不稱職的官員，可能有三條出路：一是申請退職，把位子讓給能幹的人；二是讓一位能幹的人來協助自己工作；三是聘用兩個水準比自己更低的人當助手。

第十八章　帕金森定律：權力與效率

不能被下屬看到的書

　　劍橋大學出身的歷史學家帕金森，曾擔任馬來西亞大學歷史系教授。1957 年，他在馬來西亞一個海濱渡假時，悟出了一個定律，後來，他把思考結果寫成了一本書，書名叫《帕金森定律》。

　　這本書只有幾十頁，卻對世界產生了深遠的影響。倫敦《金融時報》曾這樣撰文：「一本可惡的書，不能讓它落入下屬的手中。」《星期天泰晤士報》的評價是「一本極端情趣橫溢和詼諧的書」。

　　帕金森在書中諷刺了官場中形形色色的為官之道，並對於機構人員膨脹的原因及後果作了非常精采的闡述：

　　一個不稱職的官員，可能有三條出路：一是申請退職，把位子讓給能幹的人；二是讓一位能幹的人來協助自己工作；三是聘用兩個水準比自己更低的人當助手。

　　很顯然，對於一個不稱職官員來說，這第一條路是萬萬走不得的，因為那樣會喪失許多權利；第二條路也不能走，因為那個能幹的人會成為自己的對手；看來只有走第三條路了。

　　從此，兩個平庸的助手分擔了他的工作，減輕了他的負擔。由於助手的平庸，不會對他的權利構成威脅，所以這名官員從此也就沒有什麼可顧忌的了。

而兩個助手呢？既然無能，他們只能上行下效，再為自己找兩個更加無能的助手。如此類推，就形成了一個機構臃腫、人浮於事、相互拉扯、效率低下的領導體系。

這就是《帕金森定律》一書的精髓所在。如果這本書被那些喜歡向上爬的下屬看見，成了他們升官的祕訣，那麼後果就不堪設想了。

帕金森公式

「帕金森定律」是一條官僚機構自我繁殖和持續膨脹的規律，由於這一定律充分地暴露出管理機構的這一可怕頑症，因而，這個術語廣為人知。

根據帕金森定律可知，如果一個不稱職的官員選擇了第三條路，那麼就會形成惡性循環。所導致的最後結果是：其一，當官的人需要補充的是下屬而不是對手。其二，當官兒的人彼此之間是會製造出工作來做的。

由於對於一個團體而言，管理人員或多或少是注定要增長的，那麼這個帕金森定律注定要起作用。帕金森研究出這個定律以後，又提出了一個公式：

$$X = [100(2KM + L)/YN] 100\%$$

在這裡，K代表一個要求派助手從而達到個人目的的

第十八章　帕金森定律：權力與效率

人。從這種人被任命一直到他退休，這期間的年齡差別用 L 來表示。M 是部門內部行文通氣而耗費的勞動時數。N 是被管理的單位數。用這個公式求出的 X 就是每年需要補充的新職員人數。

數學家們自然明白，要找出百分比只要用 X 乘 100，再除以去年的總數 Y 就可以了。不論工作量有無變化，用這個公式求出來的得數總是處在 5.17% ～ 6.56% 之間。

這個公式的提出，一針見血地指出了組織機構中存在的可怕頑疾。至於如何解決，帕金森曾這樣說：「植物學家的任務不是去除雜草。他只要能夠告訴我們，野草生長得有多麼快就萬事大吉了。」

要找解決之道，首要的前提在於吃透這個定律。所謂定律，無非是對事物發展運動的客觀規律的闡釋，而規律總是在一定條件下起作用的。那麼帕金森定律發生作用的條件有哪些呢？

第一，必須要有一個團體，這個團體必須有其內部運作的活動方式，其中管理占據一定的位置。這樣的團體很多，大的來講，各種行政部門；小的來講，只有一個老闆和一個雇員的小公司，都存在著管理的團體。

第二，在組織機構中，尋找助手以達到自己目的的人本身不具有對權力的壟斷性。這就意味著，權力對他而言，可

能會因為做錯某件事情或者其他人事的原因而輕易喪失。這個條件是不可少的，否則就不能解釋何以要找兩個不如自己的人做助手而不選擇一個比自己強的人。

第三，這個人對他在團體中的角色扮演不稱職，如果稱職就不必尋找助手，否則就不能解釋他何以要找幾個助手來協助。

第四，這個團體一定是一個不斷自我要求完善的團體，正因為如此，才能不斷地吸收新人來補充管理團隊，也才能符合帕金森關於人員編制增長的公式。

從以上分析中，我們可以看出，帕金森定律必須在一個擁有管理職能，不斷追求完善的團體中，擔負著和自身能力不相匹配的管理角色，且不具備權力壟斷的人群中才能發揮作用。

權力危機

透過上述條件的分析，可以清晰的看到：權力的危機感，是滋生帕金森現象的根源。

人作為社會性和動物性的複合體，因利而為是很正常的行為。假設他的既有利益受到威脅，那麼本能會告訴他，一定不能喪失這個既得利益，這也正是帕金森定律起作用的內因。

第十八章　帕金森定律：權力與效率

一個既得權力的擁有者，假如存在著權力危機，不會輕易放棄自己的權力，也不會輕易的幫自己樹立一個對手。在不害人為標準的良心監督下，會選擇兩個不如自己的人作為助手，這種行為是人之常情，也是可以理解的。

那麼，權力的危機感是如何導致企業本身患有帕金森定律的頑疾呢？舉一個例子來說明：

假設有一個私人企業的企業主，他公司的土地，產權全部屬於企業主所有。隨著企業規模的不斷擴大，現在越來越感到在管理上力不從心了。顯然，此時需要有人來協助他。於是企業主向各種媒體發了徵才廣告，應徵而來的人很多。

其中有這樣一位高材生：在國外一所著名的大學讀完了博士，而且有長達十年的管理經驗，業績良好，顯然是十分得力的人選。

這間企業的企業主會不會聘任他呢？這個老闆此時會想：公司的土地是我的，所有產權都是我的，這就意味著這個人來我這裡純粹是為我工作，做得好我可以繼續留他，做得不好我可以讓他滾蛋，無論他如何出色和賣力的工作，他都不能坐我的位置，老闆永遠是我。

經過一番思考之後，這個高素養、高能力的人才就被留下來，老闆可以說是言聽計從，完全不受帕金森定律的影響。這是一個擁有絕對權力人的作法。

之後，這個企業向前繼續發展，終於產生了企業經營的突破，業務範圍擴大了，新的問題也層出不窮。高材生由於

所學已經過時,又沒有找時間很好補充學習,離退休只有幾年了,現在感到力不從心,現在需要助手協助他。於是他向各種媒體發出徵才廣告,各種人才絡繹不絕湧來。

其中有兩個求職者,老闆比較看重,一個是某知名大學的企業管理專業剛剛畢業的碩士,寫了很多的文章,理論功底極為深厚,實踐經驗卻非常匱乏;另一個頗有企業家的手腕和魄力,擁有先進的管理觀念和操作經驗。

此時,老闆也無從選擇,叫那位高材生來挑選,這時候他就開始盤算了,最後的結果是,選擇了那個剛出校門的碩士。

由此,我們可以得出這樣一條結論:要想解決帕金森定律的癥結,必須把管理單位的用人權放在一個公正、公開、平等、科學、合理的用人制度上,不受人為因素的干擾,最需要注意的,是不要將用人權放在一個可能直接影響或觸犯掌握用人權的人的手裡,問題才能得到解決。

上司只要增加下屬人數,而不是增加對手人數

一般人認為工作時間越長,越顯得工作的重要和複雜;或者工作人員越多,越顯得工作量大。

根據帕金森定律可以看出,工作量和工作人員數量間很少直接相關,甚至毫無關係。他認為人們實際上是在增加工

第十八章　帕金森定律：權力與效率

作,以便填充多餘的時間。

作為組織,對時間資源的揮霍和浪費並非出於個人行為特點,而是基於一種內生機制,因而不管是誰進入這個圈子,都會一視同仁、如此炮製,由此造成的社會資源損耗就難以估量了。

在一個組織裡,一個上司不願有太多同級的同事。因為將來升級時會成為對手,減少自己的提升機會。所以,當他感覺自己工作過多時,他會要求增加助手,同時助手至少要兩人。若是下屬也感覺工作過多時,也需要增加助手。

這樣一來,下屬和下屬的下屬越來越多,而上司高高在上,如同坐在金字塔的頂端,等著再次升官。

事實上,現在是更多的人花更多時間去做以前只是一個人做的工作。即使是這樣,每個人好像仍忙得不亦樂乎。而上司呢?越多的下屬並沒有讓他減輕工作,他反而有更多的工作可做。

下屬工作之前要有人制定計畫,下屬工作之中要有人提供指導,下屬工作之後要有人評估和總結。

這些還都是常規工作,除此之外,由下屬工作能力不足、下屬之間協調不足的帶來的種種問題都得上司去處理。這樣一來,公司透過製造更多下屬又給自己製造了更多的工作。

對於一個組織來說,下屬越多、工作越少已成為現行機

構中最可怕的頑疾之一。

就此而言,帕金森這樣說過:「上司只要增加下屬人數,而不是增加對手人數。」

舉例來說明這一問題:

軍營裡需要一個人判斷航空照片,於是就命令一個二等兵去擔任這份工作,讓他坐在門口的一個座位上。看到長官走進來時,他起立敬禮,然後坐下。

兩天後,他開始抱怨了,說照片太多了,他需要兩名助手協助;而且為了對助手有指揮權,他自己應該升為一等兵。他的長官非常體諒人,答應了他的要求。之後不久,他的下屬也因勢利導地需要助手。

於是,在三年內,他擁有了一個較大的機構小組,而且自己也步步高升,成為中校。然而,他自己從來就沒有判斷過一張航空照片,因為他忙於處理行政事務。

如此下去,整個組織機構就會變得越來越臃腫龐大,無能的人也就越來越多,工作越來越少,整個機構最終變成了一具空殼。

永遠保持第三流

社會在不斷前進,每個企業也不斷發展,但是我們仍會發現這樣的一種機構:高層人員感到無聊乏味,中層人員只

301

第十八章　帕金森定律：權力與效率

是忙於勾心鬥角，低層人員則覺得灰心喪氣和沒有動力。他們都懶得主動辦事，所以毫無績效可言。

在仔細考慮這種可悲的情景後，這些人在潛意識裡抱著「永遠保持第三流」的座右銘。

作為一個管理者，可以從底層員工說出的話來查出這種病。

比如：「我們要是想得太多，那就錯了。我們不能跟人家A公司去比，我們在B公司，我們做的是有用的工作，是符合公司需求的，我們應該滿足了。」或者，「我們不自吹是第一流的。有些人真是無聊，喜歡爭強好勝，喜歡自誇他們的工作表現，好像他們是主管一樣。」

這些看法說明了什麼呢？他們在潛意識裡只求低水準，甚至更低的水準也未嘗不可。從第二流主管發給第三流職員的指示，只要求最低的目標。他們不要求較高的水準，因為一個有效的組織不是這種主管的能力所能控制的。

「永遠保持第三位」的座右銘，以金字刻在很多組織和部門的大門入口處，三流角色已經成為指導原則。如此一來，他們構建了一個「永遠保持第三流」的組織。

到這個階段時，這個機構實際上已經死亡。它可能處在這種麻木狀態達20年之久，也可能靜悄悄地解體，最後甚至可能復甦（但復甦的例子很少）。

經過這個階段後,機構裡的每個人都以愚蠢的幽默掩蓋自己的無能。奉命去進行「排除有能力者」的人,很可能因為看不出某個人的真正能力而失敗。

事情進一步發展下去的話,組織也可能進一步惡化,高級人員不再透過與其他機構的比較來誇耀自己的效率。他們已無視其他機構的存在,不再光顧餐廳的食物,而寧願帶三明治上班。

愚蠢者的競賽:如何避免無效競爭

帕金森定律發生作用之後,它可以幫助我們得出這樣的結論:管理者已經盡了最大的努力,他們向困難奮鬥過,最後不得不承認失敗。

導致這種結果源於一種「疾病」,而這種「病」主要是「患者」自身引起的。從「疾病」發作開始,「病情」不斷惡化,症狀有所發展。這是一種甘居下游的「病」,病名叫做「嫉忌」,其實是一種常見病,診斷容易,治療卻困難很多。

它出現的第一個危險跡象,就是單位的主管層裡有一位高高在上的人,他集無能與嫉妒於一身。這兩種毛病單獨來說,本沒有什麼了不起,可是當二者高度集中到了一起就要發生化學反應。它們一經融合,就產生出一種嚴重的權力危機情緒。

第十八章　帕金森定律：權力與效率

一個人的心裡是否有嚴重的權力危機情緒，只要看他的行動就可以推測得出來。

比如：一個人不光在自己部門什麼事也做不好，而且還不斷干擾其他部門，甚至想抓要害部門的權。他的這種行為實際上是一種失敗與野心相結合的產物，這時他的「嫉妒」病正處於原發期。

經過原發期之後，疾病進入了第二期。他總是排斥一切能力比他強的人，也總是反對任命或者提升任何在將來可能勝過他的人。

如果說一把手是二流水準的，他會想辦法讓那些直接歸他領導的下屬是三流水準，而三流的人會想辦法找來四流的下屬。要不了多久，他們就要展開一場比愚蠢的競賽，大家都裝得比自己實際更沒有頭腦。最後，導致企業內部產生了一套惡性循環的管理機制，並在企業組織中迅速蔓延滲透。

在「嫉妒」病發生的第三個階段，企業的組織機構已經從上至下都進入一種昏迷狀態了。此時，除非管理者深刻認識到這種庸人管理機制的嚴重性，及時採取一系列大刀闊斧的改革使庸人退後、能人上陣，否則這個企業只有死路一條。

更可怕的是，在商業競爭日益激烈的現代社會，往往沒等到企業內部出現滿目瘡痍的情形就已經被市場淘汰了，企業內部能夠自謀生路的人早已另謀高就，留下的僅僅是一個病入膏肓的空架子和一些無能之輩。

尋找第二條出路

既然一場愚蠢者的競賽最終導致企業的滅亡。那麼，我們為什麼不去選擇《帕金森定律》中的第二條出路呢？

作為一個領導者，你不可能去選擇第一條路：把位子讓給別人，而且選擇第三條路也只有死亡，那麼選擇第二條出路也就成為領導者能夠選擇的唯一出路。

當領導者最初考慮是否需要透過參與的形式對員工授權時，他們常常問，「如果我與我的員工分享權力，難道我不會失去一些權力嗎？」這種擔心是自然的，它產生於將領導者看做控制者這樣一種觀點，但事實上這種擔心沒有必要，因為參與中的領導者仍保留著最終的權力。

領導者所做的一切只是分享權力的運用，以使員工感受到在組織中有更大的投入感。領導者與員工進行一種雙向的社會交換，而不是將意見從上強加於員工。他們透過給予員工一些權力來表示對員工潛力的信任，同時作為回報，他們得到了員工的創造力和承諾。

美國奧格爾維‧馬瑟公司的總裁奧格爾維曾經對屬下說過：「如果我們每個人都僱用比我們自己更強的人，我們就能成為巨人公司。」相反，如果你只選那些能力比你差的人，那麼他們就只能做出比你更差的事情。

為了成就大業，領導者必須敢用才高於己者。唯有心胸

開闊、敢用才高於己者方能成就一番大業。在這方面有很多優秀企業家都為我們做出了表率。

曾經有一位記者採訪美國鋼鐵大王安德魯・卡內基,問他獲得財富和成功的祕訣。安德魯・卡內基沒有正面回答,而是向那位記者簡述了許多工商鉅子的奮鬥歷程,並善意地告誡那位記者,不要固執地向億萬富翁追問獲得金錢的竅門。

記者雖然沒有得到正面回答,但他驚奇地發現,安德魯・卡內基所說的那些工商鉅子周圍,都集結了一批獨當一面的精英人物。這些人才在許多重要關頭,協助領導確認方向,走出泥濘,獲得成功。

據說,卡內基生前就擬好了墓誌銘:「這裡長眠著一個知道選用比他本人能力更強的人來為他工作的人。」

在卡內基本人看來,他之所以成為鋼鐵大王,並非由於自己有什麼了不起的能力,而是因為敢用比自己更強的人。

放權不等於放羊:有效管理的平衡

一些管理者將很多權力集中在自己手中,忙得一塌糊塗,還耽誤了很多事情。問他們原因,並非是不想放權──而常常是「找不到稱職的人」。

在一個高速發展的社會和行業中，我們面臨的常常是全新的問題，確實很難找到「稱職」的人。下放權力的前提之一，不應該看是否有「稱職」的候選人，而應看你的部下是否具有潛力和基礎成為「稱職」的責任承擔者。

對於你選擇的部下，你要用全面和發展的眼光來評價他。沒有權力的時候，他的一些弱點可能沒有機會暴露在大庭廣眾之下，現在權力下放了，問題也就一覽無遺。

但你不應因此懷疑他的能力和你的眼光。多一點寬容和理解，這當然不容易，因為他壞了你的事，但誰讓你是他的上級呢？除了權力，再給他一些時間，給他多一點全方位的指導（從業務，到心理乃至文化），給他及時的建設性的批評和建議。

如果你對人的判斷力不是很差，你的運氣也不是太壞的話，過一段時間後，他可能會「給你一個驚喜」。

如果你的其他部下不理解你的做法，自然在工作中會有一些言語和行動上的反應，那你還要想辦法替接受權力的部下建立威信，當然這主要靠他自己。但是你的一言一行，特別是你與他有關的言行，都會影響其他部下對他的態度。

記住：放權，不是放羊。這不是一個簡單的推卸或轉移責任的過程，不是將你不清楚的事情連同責任和風險簡單地推給你的部下。而且在開始的時候，你恐怕會遇到比原

來還多的麻煩和風險。如果你感到這樣做還不如將就現狀的話，那你就維持現狀，同時不要期望你的領導會給你更多的機會。

放權，需要你有一點境界，即主動為公司的發展，多承擔一些風險和責任；主動為部下的發展，用自己的信譽和能力，替他們撐起一個允許他們犯錯誤的空間。

放權，是一個企業發展的必經之路，是企業管理人才培養的基本方式，也是企業員工，特別是管理層，建立共同遠景的一個有效手段。

與帕金森定律說「再見」：建立高效管理模式

在《帕金森定律》一書中，帕金森定律揭示了這樣一個道理：不稱職的主管一旦占據主管職位，龐雜的機構和過多的冗員便不可避免，整個管理系統就會形成惡性循環，陷入難以自拔的泥淖。

它告訴我們，辦好一個企業，需要一個真正能幹的經營者，這個人起碼要善於經營，精於運籌，有大將風範，不至於事事無主見，處處要人指點。搞好一個企業還需要一個高效精幹的領導班子，這個班子人不在多，但要有戰鬥力。

帕金森定律對於一些企業的用人現狀描述得很深刻：

一個企業創辦之初條件並不遜色，只是來了一位無能的總經理。這位總經理到任後，充分做到了「舉賢不避親」，竟把那些他的大部分親戚弄進來了，一個個占據高位。這樣一來，那些原本躍躍欲試、雄心勃勃的能人只好負氣出走，另謀高就。

一些原本不錯的企業，自從來了這樣的總經理，加上帕金森定律在其中所產生的作用，從此就一蹶不振，效益迅速下滑。

只要存在科層制組織，無論是政府還是企業，帕金森定律的影響就無處不在。那麼，如何克服帕金森定律所帶來的負面效應呢？

主要做好三個方面的工作：

- 其一，要以嚴格的招聘機制來控制庸才的進入；
- 其二，在工作中一旦出現那些占著職位無所作為的管理者，就應該立即予以辭退；
- 其三，對於一個優秀的人才，學會適時放權。

另外，要把高效精簡的公司精神落實到經營管理活動中去，在公司內部形成一個人人比業績、比貢獻、比創造力的競爭氛圍和工作環境。

國家圖書館出版品預行編目資料

速讀管理，18條核心定律鍛鍊超強領導力：鯰魚效應×250定律×懶螞蟻效應×墨菲定律，搞懂員工心理，不當盲目主管，零基礎也可以超速入門 / 喬友乾 著. -- 第一版. -- 臺北市：財經錢線文化事業有限公司, 2024.10
面； 公分
POD版
ISBN 978-626-408-024-8(平裝)
1.CST: 企業領導 2.CST: 企業經營 3.CST: 組織管理 4.CST: 職場成功法
494　　　　113014631

電子書購買

爽讀APP

速讀管理，18條核心定律鍛鍊超強領導力：鯰魚效應×250定律×懶螞蟻效應×墨菲定律，搞懂員工心理，不當盲目主管，零基礎也可以超速入門

臉書

作　　者：喬友乾
發 行 人：黃振庭
出 版 者：財經錢線文化事業有限公司
發 行 者：財經錢線文化事業有限公司
E - m a i l：sonbookservice@gmail.com
粉 絲 頁：https://www.facebook.com/sonbookss/
網　　址：https://sonbook.net/
地　　址：台北市中正區重慶南路一段61號8樓
8F., No.61, Sec. 1, Chongqing S. Rd., Zhongzheng Dist., Taipei City 100, Taiwan
電　　話：(02) 2370-3310　　傳　　真：(02) 2388-1990
律師顧問：廣華律師事務所 張珮琦律師

-版權聲明-
本書版權為作者所有授權崧博出版事業有限公司獨家發行電子書及繁體書繁體字版。若有其他相關權利及授權需求請與本公司聯繫。
未經書面許可，不得複製、發行。

定　　價：420元
發行日期：2024年10月第一版
◎本書以POD印製
Design Assets from Freepik.com